人工智能应用 新形态教材

计算机视觉开发实战

——基于 OpenCV

郭佳 ◎ 主编

人 民 邮 电 出 版 社
北 京

图书在版编目（CIP）数据

计算机视觉开发实战 ：基于OpenCV / 郭佳主编. --
北京 ：人民邮电出版社，2024.2
人工智能应用人才能力培养新形态教材
ISBN 978-7-115-63313-2

Ⅰ. ①计… Ⅱ. ①郭… Ⅲ. ①计算机视觉－高等学校
－教材 Ⅳ. ①TP302.7

中国国家版本馆CIP数据核字(2023)第241477号

内容提要

本书以实践为导向，将理论与实践相结合，深入浅出地介绍了使用 Python 与 OpenCV 进行计算机视觉实践的基本知识和具体方法。

本书旨在为各种背景的读者提供通向计算机视觉世界的路径，从零基础的初学者到有编程经验的开发者都能够受益。其中，第 1 章介绍了人工智能的历史与发展；第 2 章提供了 Python 编程基础；第 3 章至第 9 章详细介绍了 OpenCV 的安装、配置和应用，帮助读者构建坚实的计算机视觉基础；第 10 章为实例练习，帮助读者巩固所学知识，可以作为课堂训练和课后作业的良好补充。

本书可作为普通高等院校计算机科学、人工智能、数学等专业相关课程的教材，也可作为其他专业学生了解计算机视觉与编程的参考书。

◆ 主　　编　郭　佳
　责任编辑　刘　博
　责任印制　陈　犇
◆ 人民邮电出版社出版发行　　北京市丰台区成寿寺路 11 号
　邮编　100164　　电子邮件　315@ptpress.com.cn
　网址　https://www.ptpress.com.cn
　三河市中晟雅豪印务有限公司印刷
◆ 开本：787×1092　1/16
　印张：10.75　　　　　　2024 年 2 月第 1 版
　字数：252 千字　　　　　2024 年 2 月河北第 1 次印刷

定价：49.80 元

读者服务热线：(010)81055256　印装质量热线：(010)81055316
反盗版热线：(010)81055315
广告经营许可证：京东市监广登字 20170147 号

PREFACE

前 言

计算机视觉，这个神秘且令人着迷的领域，正日益成为现代科学和技术的关键组成部分。它代表了人类技术进步的一个巅峰，是计算机科学中最具活力和前景的领域之一。计算机视觉的魅力在于它的使命：赋予计算机系统与人类视觉系统相媲美的能力，使其能够“看懂”世界，进而以智能方式做出决策和行动。这个领域的目标是将图像和视频翻译成计算机可以理解的数据，以便进行各种形式的分析和处理。

图像和视频实际上涵盖了一系列信息，从静态图片中的颜色、形状和纹理，到视频中的动态变化、运动轨迹和深度信息。计算机视觉的任务包括识别对象、检测运动、量化特征、跟踪物体，以及理解场景中的关系，如识别人脸、车辆或其他物体，甚至理解情感表达和动作动机。这一领域的影响力无处不在。自动驾驶汽车的感知系统依赖于计算机视觉，让车辆能够识别并应对交通状况，确保驾驶的安全性。在医学领域，计算机视觉用于分析医学图像，帮助医生提高疾病诊断的准确性。从解锁手机到监控系统的运作，人脸识别技术已经成为安全和身份验证领域的重要工具。而虚拟现实则是一种能够使用户沉浸在虚构世界中的技术，计算机视觉在其中扮演着关键角色。

随着硬件技术的不断进步、算法的日益精进，以及大数据的普及，计算机视觉技术正在不断演进。深度学习等新兴技术为计算机视觉带来了突破性的进展，使其能够应对更复杂和多样化的任务。这个领域发展潜力巨大，正在推动着人类社会向前迈进，不仅改善了我们的日常生活，还为科学研究和商业创新提供了巨大的机会。本书旨在为各种背景的读者提供一条通往计算机视觉世界的路径。无论您是完全没有编程经验的初学者，还是已经具备一定编程知识的学生或开发者，我们都深信，本书可以为您敲开大门，让您探索这个令人兴奋的领域。

本书第 1 章介绍人工智能的历史与发展。人工智能（AI）是涉及模拟人类智能行为的计算机科学领域。其目标是开发能够像人一样思考、学习和解决问题的计算机系统。AI 技术包括机器学习、自然语言处理和计算机视觉等分支。机器学习使计算机从数据中学习，根据经验提高性能。其分支深度学习则模仿人脑神经网络的结构，用于处理大规模和复杂的数据。第 2 章介绍 Python 基础。该章从 Python 下载与安装开始，一步一步地介绍 Python 的使用方法，使零基础的读者也能快速学会 Python 的使用。第 2 章还提供了大量练习，为读者快速提升 Python 技能提供了保障。第 3 章至第 9 章着重介绍 OpenCV 的安装、配置，及其在计算机视觉开发中的应用。这些章节不仅为读者提供了构建坚实基础的机会，还使读者能够深入了解 OpenCV 的功能和语法，帮助读者逐步建立对 OpenCV 的扎实理解，顺利地开展计算机视觉项目。无论读者是初学者还是有经验的开发者，这些章节都提供了宝贵的资源，帮助读者掌握 OpenCV 的各种功能和语法，从而在计算机视觉领域取得成功。第 10 章为实例练习，囊括了本书介绍的知识点，可以作为课堂训练或课后作业使用。

在本书编著过程中，虽然作者力求尽善尽美，但难免有错漏之处，还请广大读者批评指正。如有意见与建议，欢迎反馈至作者邮箱：guojia@hbue.edu.cn。

郭佳

2023 年 10 月于武汉

CONTENTS

目 录

第 1 章
认识人工智能

计算机网络已渗透到普通百姓的工作和生活之中，了解和学习计算机网络的基础知识不仅是工作所需，也有利于日常生活。本章首先介绍人工智能的定义和历史，随后讲解计算机视觉经典算法，帮助读者更好地了解和认识计算机视觉，为计算机视觉开发奠定良好的基础。

本章学习目标：

（1）理解人工智能的基本概念；

（2）学习并掌握 R-CNN 系列算法的基础理论；

（3）理解残差网络的基础知识，并掌握残差网络的网络结构；

（4）了解 YOLO 算法的基本概念，以及其每个版本的创新之处。

1.1 人工智能概述

1. 什么是人工智能

人工智能（Artificial Intelligence，AI），指由人制造出来的机器所表现出来的智能。狭义上说，人工智能是指通过普通计算机程序来呈现人类智能的技术。人工智能是计算机科学的一个分支。综合考虑医学、神经科学、机器人学及统计学等的进步，很多人认为，人类的很多职业正逐渐被人工智能取代。

人工智能在一些教材中的定义是“针对智能主体（Intelligent Agent）的研究与设计”，智能主体指一个可以观察周遭环境并做出行动以达成目标的系统。人工智能也可以定义为模仿人类实现与人类思维相关的认知功能的机器或计算机，它们可以学习和解决问题。人工智能会感知其环境并采取行动，最大限度地提高其成功机会。此外，人工智能能够从过去的经验中学习，做出合理的决策，并快速回应。因此，人工智能研究人员的科学目标是通过构建具有象征意义的推理或推理的计算机程序来理解智能。人工智能的四个主要组成部分如下。

（1）专家系统：作为专家处理正在审查的情况，并产生预期的绩效。

（2）启发式问题解决：包括评估小范围的解决方案，并可能涉及一些猜测，以找到接近最佳的解决方案。

（3）自然语言处理：在自然语言中实现人机之间的交流。

（4）计算机视觉：自动识别形状和功能的能力。

人工智能的研究是高度技术性和专业的，各分支领域都是颇具深度的，因而涉及范围极广。

人工智能的核心问题包括建构能够跟人类媲美甚至超越人类的推理、规划、学习、交流、感知、移物、使用工具和操控机械的能力等。目前弱人工智能已经有初步成果，甚至在影像识别、语言分析、棋类游戏等单方面的能力达到了超越人类的水平，而且人工智能的通用性意味着能解决上述问题的是一样的 AI 程序，无须重新开发算法就可以直接使用现有的 AI 完成任务，与人类的处理能力相同。然而，具备思考能力的统合强人工智能还需要时间研究，比较受关注的方法包括统计方法、计算智能和传统意义的 AI。目前有大量的工具应用了人工智能，包括搜索和数学优化、逻辑推演。而基于仿生学、认知心理学，以及基于概率论和经济学的算法也在逐步探索当中。

人工智能一词可以分两部分来理解，即“人工”和“智能”。“人工”即由人设计，为人创造、制造。关于什么是“智能”，较有争议。这涉及意识、自我、心灵，以及无意识的精神等问题。目前为止，人唯一了解的智能是人本身的智能，这是我们普遍认同的观点。但是我们对自身智能的理解都非常有限，对构成人的智能的必要元素的了解也很有限，所以就很难定义什么是“人工”制造的“智能”。因此人工智能的研究往往涉及对人的智能本身的研究。此外，动物或其他人造系统的“智能”也普遍被认为是与人工智能相关的研究课题。

人工智能目前在计算机领域内得到了日益广泛的关注，并在机器人、经济政治决策、控制系统、仿真系统中得到应用。

2. 人工智能的发展

人工智能是计算机系统对人类智能过程的模拟。这些过程包括学习（获取信息和使用信息的规则）、推理（使用规则得出近似或确定的结论），以及自我修正。

人工智能的研究历史始于20世纪50年代。在1956年的达特茅斯会议上，约翰·麦卡锡（John McCarthy）、马文·明斯基（Marvin Minsky）、纳撒尼尔·罗切斯特（Nathaniel Rochester）和克劳德·香农（Claude Shannon）提出了“人工智能”一词，并概述了他们的人工智能研究目标，包括创造一种能够推理、从经验中学习和理解自然语言的机器。

在人工智能研究的早期，重点是创造能够像人类一样推理和决策的“思维机器”。这种方法被称为“符号人工智能”，涉及创建一套规则和逻辑语句，供机器用来推理和做出决定。然而，这种方法被证明过于困难和耗时，很快就被“亚符号”方法所取代，后者侧重于创建能够从数据中学习并做出预测的机器学习算法。

多年来，人工智能研究领域有了很大的发展和演变。今天，人工智能研究涵盖了广泛的技术和工艺，包括机器学习、自然语言处理、计算机视觉、机器人技术等。

人工智能最重要的发展之一是深度学习的崛起，这是一种基于人工神经网络的机器学习。深度学习已被广泛应用于各个方向并带来突破，包括图像和语音识别、自然语言处理、游戏。

人工智能的另一个重要发展是数据的增加和计算能力的增强。随着更多数据的出现和计算机处理能力的不断提高，人工智能系统正变得更加精密和复杂。

近年来，人工智能已被用于创建能够执行广泛任务的系统，从简单的任务，如识别语音和图像，到更复杂的任务，如玩游戏和驾驶汽车。人工智能也被广泛用于各种行业，从医疗和金融到制造和运输。

然而，人工智能也引起了一些人的担忧，比如担忧工作岗位的流失和人工智能系统可能做出伤害人类的决定。因此，关于如何确保人工智能的开发和使用有利于全社会，一直存在着争论。

总的来说，人工智能是一个快速发展的领域，具有广泛的应用价值和对社会产生重大影响的潜力。重要的是，它的发展和使用要以道德原则为指导，以确保它被用来为所有人造福。

1.2　计算机视觉概述

计算机视觉（Computer Vision，CV）是人工智能的一个重要分支,它研究的是计算机如何获取、处理、分析和理解数字图像。计算机视觉的研究者试图让计算机拥有像人类一样感知视觉世界并从图像中了解场景和环境的能力，即对客观世界中的三维场景的感知、加工和解释能力。

1982年戴维·马尔（David Marr）所著的《视觉》（*Vision*）一书的问世，标志着计算机视觉成为一门独立学科。尽管人们对计算机视觉这门学科的起始时间和发展历史有不同的看法，但计算机视觉的发展历程可以大致分为以下几个阶段。

（1）20世纪50年代至60年代初：这个阶段研究者关注的是二维图像的分析和识别，当时这属于模式识别领域，但模式识别还不是一个独立的学科。

（2）20 世纪 60 年代中期至 70 年代：这个阶段计算机的主要目标是“理解”三维场景。罗伯茨（Lawrence Roberts）的研究工作开创了以三维理解为目的的计算机视觉研究，他的研究给人们极大的启发，使计算机视觉进入蓬勃发展时期。David Marr 则在计算机视觉历史上画上了浓墨重彩的一笔，他提出了第一个较为完善的视觉系统框架——视觉计算理论，为后续的计算机视觉研究提供了重要的理论基础。

（3）20 世纪 80 年代至今：这个阶段见证了计算机视觉技术的快速发展和应用拓展。随着计算机技术和人工智能的发展，人们提出了大量的理论和方法，用于解决计算机视觉中的各种问题，如物体识别、图像分割、目标跟踪等。特别是近年来，深度学习技术的快速发展为计算机视觉带来了新的突破，深度学习技术可以自动学习图像中的特征，并且可以有效地应用于各种计算机视觉任务，极大地提高了计算机视觉的性能和准确率。

计算机视觉源自人类视觉。视觉在人类对客观世界的观察和认知中起重要作用，它不仅帮助人们获得信息，还帮助人们加工信息。从狭义上讲，视觉的目的是对客观场景做出对观察者有意义的解释和描述。从广义上讲，视觉的目的还包括基于这些解释和描述，并根据周围环境和观察者的意愿来制订行为规划，从而作用于周围的世界，这实际上也是计算机视觉的目标。因此，计算机视觉的主要研究目标可归纳如下。

（1）建立计算机视觉系统来完成各种视觉任务，使计算机能借助各种视觉传感器（如 CCD、CMOS 摄像器件等）获取场景的图像，从中感知三维物体的几何性质、姿态结构、运动情况、相对位置等，并对客观场景进行识别、描述、解释，进而做出判定和决断。

（2）辅助其他学科探索人脑视觉的工作机理，掌握和理解人脑视觉的工作机理（如计算神经科学）。

计算机视觉是利用计算机对客观世界采集的图像进行加工来实现视觉功能的，所以图像处理在其中起着重要作用。此外，计算机视觉还包括以下核心技术。

（1）特征提取：从图像中提取出一些有意义的信息，如边缘、角点、纹理、颜色、形状等，以表示图像的内容和特征。

（2）模式识别：根据特征来判断图像中有哪些类别或对象，如人脸、车辆、动物等，以及它们的属性和关系。

（3）机器学习：让计算机能够从数据中自动地学习和优化模型和参数，以提高模式识别的性能和准确度。

（4）深度学习：一种特殊的机器学习方法，使用了多层的神经网络来模拟人类大脑的信息处理过程，可以自动地从原始数据中提取出高层次的特征，并且能够处理非线性的数据，如图像、视频、语音等。

20 年来，随着深度学习技术的迅猛发展和图形处理单元（Graphics Processing Unit，GPU）等硬件计算设备的普及，深度学习技术几乎已经应用到计算机视觉的各个领域，如目标检测、图像分割、超分辨率重建及人脸识别等，并在图像搜索、自动驾驶、用户行为分析、文字识别、虚拟现实和激光雷达等产品中具有不可估量的商业价值和广阔的应用前景。基于深度学习技术的计算机视觉同时可以对其他学科领域产生深远的影响，如医学领域的医学图像处理和分析、材料领域的显微图像分析、游戏制作领域的虚拟场景渲染等。

随着深度学习、神经网络和图像处理的最新进展，计算机视觉的发展势头强劲，为各行各业带来了一系列新机遇。但计算机视觉也面临重大挑战，包括以下几个方面。

（1）道德考虑：计算机视觉的应用可能涉及用户隐私，如人脸信息、监视画面等。如何在应用这些技术的同时保护用户权益是一个重大问题。

（2）数据收集：真实世界的图像和视频往往含有大量的噪声和异常数据，如何准确、高效地收集、处理、标注大规模数据，以应对数据集的多样化，确保数据具有代表性，也是一项重大挑战。

（3）对抗性攻击：计算机视觉算法容易受到对抗性攻击，攻击者故意操纵图像或视频来欺骗算法。对抗性攻击可用于欺骗安全系统、使系统错误地将物体归类，甚至导致自动驾驶汽车撞车。

（4）硬件限制：计算机视觉算法的计算成本很高，这会限制其在实际应用中的可扩展性和实用性。因此研究人员需要开发更高效的算法和硬件架构。

深度学习变革了机器学习，尤其对计算机视觉影响深远。计算机视觉作为人工智能的子领域，旨在助力计算机使用复杂算法（可以是传统算法，也可以是基于深度学习的算法）来理解数字图像和视频并提取有用的信息。目前基于深度学习的方法已经成为很多计算机视觉任务的前沿技术，其中，R-CNN 较为易于理解。

1.3　R-CNN 系列算法

R-CNN（Regions with CNN features，区域卷积神经网络）算法是 R-CNN 系列算法的第一代，该算法没有过多地使用深度学习思想，而是将深度学习和传统的计算机视觉的知识相结合，是首个将卷积神经网络（Convolutional Neural Network，CNN）引入目标检测领域的算法模型。在 R-CNN 问世以前，目标检测处于“冷兵器”时代，需要使用传统计算机视觉的方法，手工设计更强的特征，然后使用经典机器学习算法；随着 CNN 的出现，目标检测进入了深度学习时代，目标检测技术越来越倾向于网络结构、损失函数和优化方法的设计，人们更加关注使用 CNN 自动提取出图像特征，以代替原来的手工设计特征，从此，目标检测从“冷兵器”时代过渡到“热兵器”时代。本节首先介绍开山之作 R-CNN 算法。

1.3.1　R-CNN 算法

在 R-CNN 算法中，重叠度、非极大值抑制是我们需要重点关注的。本小节依次介绍重叠度、非极大值抑制以及 R-CNN 算法的主要步骤，最后介绍算法局限性。

1. 重叠度

重叠度（Intersection over Union，IoU），也叫“交并比”。重叠度在目标检测中有着至关重要的作用。

首先，我们先来了解一下重叠度的定义：

$$\mathrm{IoU} = \frac{|A \cap B|}{|A \cup B|}$$

直观来讲，我们可以把重叠度的值理解为两个图形面积的交集和并集的比值，如图 1.1 所示。

物体检测不仅需要定位物体的边界，还要识别出物体的属性。因为算法标注的数据不可能跟人工标注的数据完全匹配，所以要用重叠度来进行精度评价。

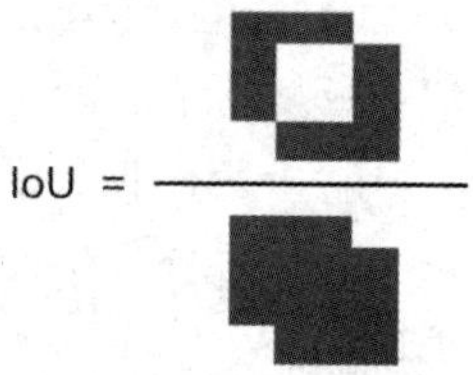

IoU =

图 1.1　重叠度的表示

2. 非极大值抑制

非极大值抑制（Non-Maximum Suppression，NMS），顾名思义就是抑制不是极大值的元素，可以理解为局部最大搜索，这个局部代表的是一个邻域，邻域的“维度”和“大小”都是可变的参数。非极大值抑制在计算机视觉领域有着非常重要的应用，如视频目标跟踪、三维重建、目标检测、纹理分析等。

在目标检测中，非极大值抑制用于提取分数最高的窗口。例如，在行人检测中，滑动窗口经提取特征、分类器分类识别后，每个窗口都会得到一个分数，但是滑动窗口会导致很多窗口与其他窗口之间存在包含关系或者大部分交叉的情况，这时就需要用到非极大值抑制来选取那些邻域里分数最高（是行人的概率最大）的窗口，并且抑制那些分数低的窗口。

3. R-CNN 算法的主要步骤

R-CNN 算法整体思路十分简洁明了，其主要步骤如图 1.2 所示。

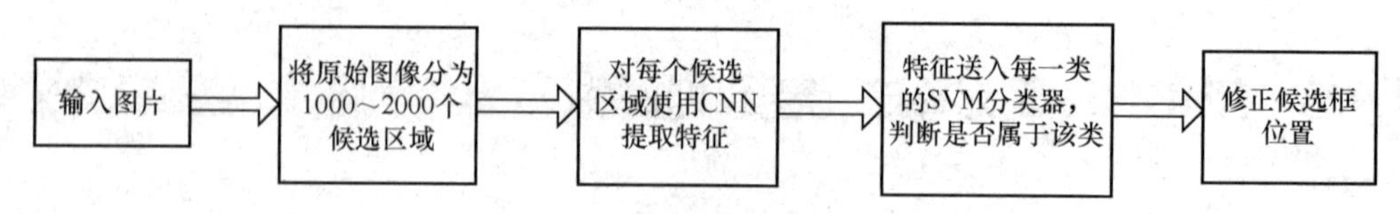

图 1.2　R-CNN 算法主要步骤

（1）输入 1 张图片。

（2）候选区域生成：采用选择性搜索（Selective Search）方法将图像分割为 1000～2000 个候选区域。

目标检测任务包含很多物体的分类和定位服务。R-CNN 算法采用选择性搜索的方法，这个方法计算速度比以往的方法快很多，召回率高，综合考虑了颜色、大小、形状、纹理等特征，对图像区域进行分组。这个方法主要包含两个部分：分割方法和分类策略。分割方法首先得到图像的分割区域作为初始区域，然后使用多样性的策略，从多个角度来表征不同的分割区域，结合区域的相似性使用贪心算法对区域进行迭代分类。分类策略主要从多个维度（主要有颜色、纹理、大小）衡量不同图像区域的相似度，进行加权平均。

（3）特征提取：对每个候选区域使用 CNN 提取特征。

首先对网格进行输入预处理，将所有的候选框都重新修改尺寸为 227×227（本书中图像尺寸单位均为像素），再使用 Alex 深度卷积神经网络（AlexNet）作为特征提取器，输入预处理好的图像块，经过 5 个卷积层和 3 个全连接层，得到固定 4096 维的特征向量。AlexNet 结构如图 1.3 所示。

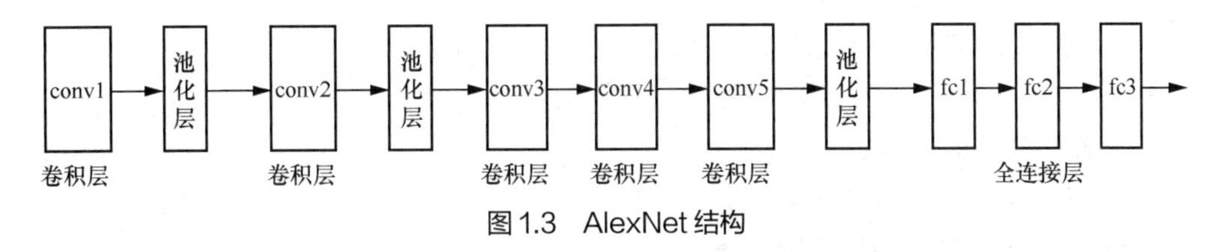

图1.3　AlexNet结构

（4）类别判断：特征向量送入每一类的SVM分类器，判别是否属于该类。

支持向量机（Support Vector Machine，SVM）是一种二分类模型。在特征提取之后，将特征向量送入SVM分类器，可得到每一个候选区域是某个类别的概率值。因为一张图片中有上千个物品的可能性微乎其微，所以必定有大量的候选区域是重叠的，需要去除冗余的候选框。为了删除重复检测框，在此处使用非极大值抑制方法来去除冗余候选框，也就是每一个类别中重叠度大于给定阈值的候选区域。这样就得到了每一个类别中得分最高的一些候选区域。具体过程如图1.4所示。

首先输入所有候选框、候选框分数、NMS阈值，然后执行以下步骤。

① 找到某一类候选框中分数最高的那个，记录下来，放在NMS新候选框集合中。

② 计算记录的分数最高框与其余候选框的IoU值。

③ 如果IoU值大于NMS阈值，那么就舍弃后者（很大概率这两个候选框是同一个目标），从候选框集合和阈值集合中移除这个候选框的信息。

④ 从最后剩余的候选框集合中，再找出候选框分数最高的那个，如此循环往复，直到原始候选框集合为空。

（5）位置精修：使用回归器精细修正候选框位置。

使用回归器对候选框位置进行调整：上一步经过NMS筛选后的候选区域精度必定不够，所以需要进行进一步的调整。

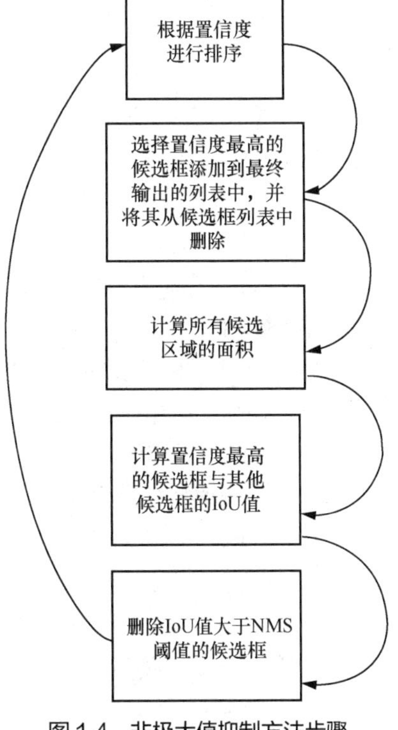

图1.4　非极大值抑制方法步骤

4．算法局限性

（1）速度慢

因为需要对选择性搜索方法生成2000个候选区域分别提取特征，而候选区域又有重叠问题，所以R-CNN算法有大量的重复卷积计算（这也是后面的改进方向）。

（2）训练步骤烦琐

R-CNN算法需要先预训练CNN，然后微调CNN，再训练多个分类器、回归器，还涉及用NMS去除冗余候选框，时间空间成本较高。

1.3.2　Fast R-CNN算法

Fast R-CNN为解决特征提取重复计算问题而诞生，它巧妙地将目标检测与定位放在同一个

CNN 中构成多目标模型。Fast R-CNN 算法是 R-CNN 算法的衍生算法，它通过引入感兴趣区域池化（Region of Interest Pooling，RoIPooling）层，避免了 R-CNN 算法对同一区域多次提取特征的情况，从而提高了算法的运行速度。总体流程上 Fast R-CNN 算法虽然仍然无法实现端到端的训练，但是也在 R-CNN 算法的基础上有了很大的改进。

1. Fast R-CNN 算法的主要步骤

总体来说，Fast R-CNN 结构如图 1.5 所示。

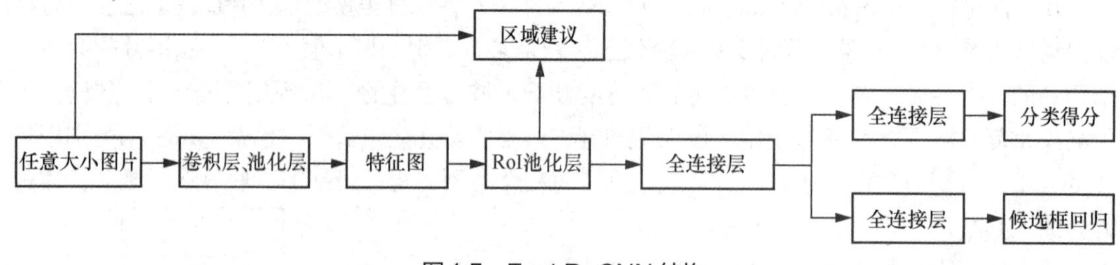

图 1.5　Fast R-CNN 结构

Fast R-CNN 算法主要分为以下几个步骤。

（1）输入一张图片。

（2）使用选择性搜索方法，将原始图像分为近 2000 个候选区域。

（3）将整个图像输入 CNN 得到特征图，将生成的候选框投影到特征图上得到相应的特征矩阵。

（4）将每个特征矩阵输入 RoI 池化层缩放成特定大小的特征图，接着把这个特征图展平，得到固定维度的特征。

（5）将展平后的特征输入分类分支和回归分支，得到分类和回归结果预测。

与 R-CNN 算法相比，该算法做出了以下调整。

（1）特征提取器由 Alex 深度卷积神经网络转换为 VGG 深度卷积神经网络（Visual Geometry Group Net），提取特征能力更强。

（2）通过感兴趣区域池化输出固定尺寸的特征图。

（3）整合分类和回归任务，使用多任务损失函数替代。多任务损失函数整合了分类任务的 loss 和回归任务的 loss，从而实现端到端的训练流程，使目标检测任务不需要分阶段训练。在进行类别判断时，不再使用 SVM 分类器和回归器，由 Softmax 网络替代。

（4）一张图片只进行一次卷积运算。将整张图片输入网络，接着从特征矩阵提取候选区域，由于原图和特征图的坐标存在对应关系，因此候选区域的特征不需要重复计算。

2. Fast R-CNN 算法的进步和缺点

该算法的主要贡献是首次实现了深度学习目标检测网络的端到端训练，速度上有了较大的突破。然而，选择性搜索方法还是严重制约了 Fast R-CNN 算法的速度，这也成为该算法的改进方向。

1.3.3　Faster R-CNN 算法

在结构上，Faster R-CNN 算法将特征抽取、回归、分类都整合在了一个网络中，使得算法综合性能有较大提高，在检测速度方面尤为明显。

1. Faster R-CNN 算法的主要步骤

Faster R-CNN = RPN + Fast R-CNN，其结构如图 1.6 所示。

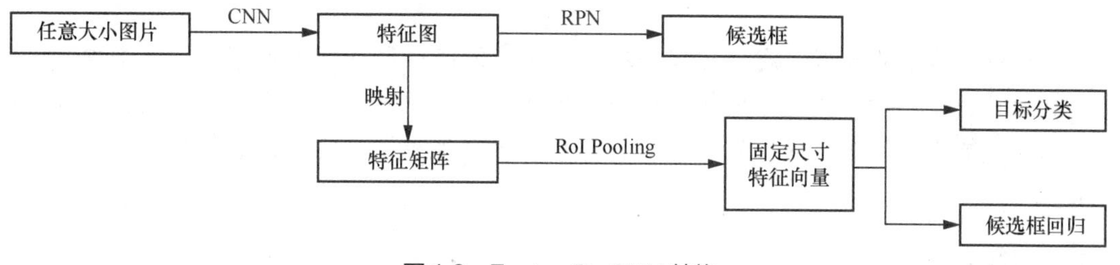

图 1.6　Faster R-CNN 结构

Faster R-CNN 算法主要分为以下几个步骤。

（1）将图片输入 CNN 得到特征图。

（2）使用区域候选网络（Region Proposal Network，RPN）生成候选框，然后将这些 RPN 生成的候选框投影到特征图上得到相应的特征矩阵。

（3）将每个特征矩阵通过感兴趣区域池化缩放成固定尺寸的特征图，最后将特征图平铺后经过一系列全连接层得到分类和回归的结果。

2. Anchor 机制

Faster R-CNN 算法最早提出了 Anchor 概念。Anchor（锚）是基于一个中心点创建出的几种大小和宽高比的框。Anchor 技术将目标检测中的问题转换为“某固定参考框中有没有认识的目标”“目标框偏离参考框多远”，不再需要多尺度遍历滑动窗口，真正实现了又好又快。

有了 Anchor 之后就可以用对应大小和宽高比的 Anchor 去预测结果，针对性地训练不同大小和宽高比的 Anchor 对应的回归器总比训练单一回归器适应不同大小和宽高比容易。

3. RPN 结构

Faster R-CNN 算法抛弃了传统的滑动窗口，直接使用 RPN 生成候选框，这也是该算法的巨大优势，能极大提升候选框的生成速度。RPN 的具体结构如图 1.7 所示。

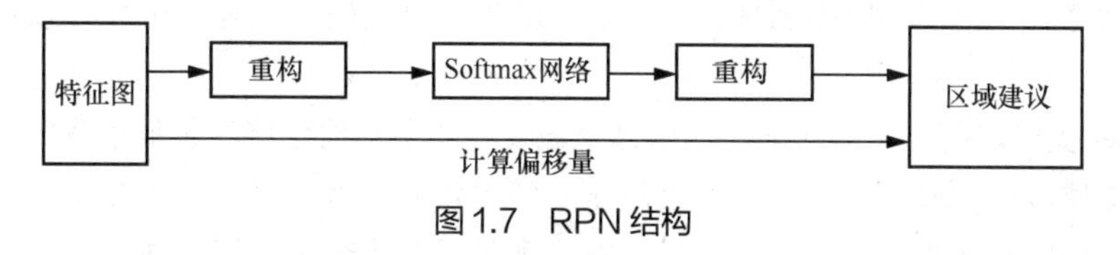

图 1.7　RPN 结构

可以看到，RPN 中有 2 条路径，上面一条通过 Softmax 分类 Anchor 获得区域建议，下面一条计算对于 Anchor 的边框回归（Bounding Box Regression）偏移量，以获得精确的结果。

4. Faster R-CNN 算法的进步和缺点

相比 Fast R-CNN 算法，Faster R-CNN 算法的精确度和检测速度有了很大的提升。时至今日，Faster R-CNN 算法在工业界依然有非常广泛的应用，当前实践中两阶段目标检测依然比单阶段的算法要准一些，但是 Faster R-CNN 算法推理实时性依然比较差，只能用于对检测速度要求不高的场景。

1.4 残差网络

残差网络通过引入跨层连接的残差块，解决了深度神经网络中出现的梯度消失和网络退化等问题，使更深、更复杂的神经网络能够更好地训练和优化，提升了深度神经网络的效果和泛化能力。同时，残差网络的设计思想也为其他神经网络结构的优化提供了重要的启示。

1.4.1 ResNet 概述

残差网络（Residual Network，ResNet）是 2015 年由 4 位学者提出的卷积神经网络，在 2015 年的 ImageNet 大规模视觉识别竞赛中获得了图像分类和物体识别的优胜。

ResNet 的主要思想是增加直连通道，允许原始输入信息直接传到后面的层中，如图 1.8 所示。

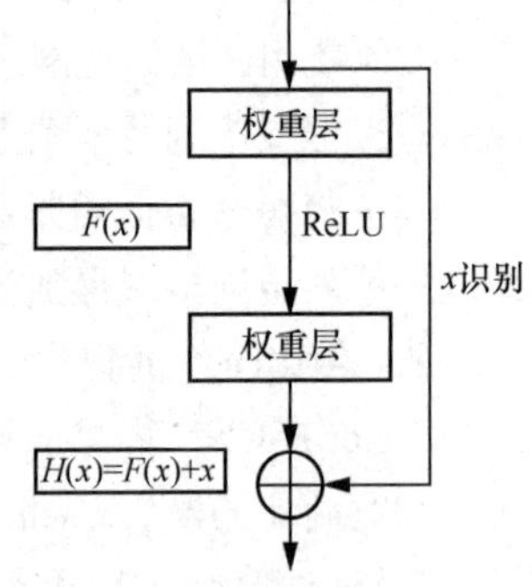

图 1.8　ResNet 的连接方式

目前，ResNet 已成为深度学习领域的研究热点，广泛应用于医学图像处理领域。因为它兼顾简单与实用，之后很多方法都建立在 ResNet-50 或者 ResNet-101 的基础上，检测、分割、识别等领域都纷纷使用 ResNet，AlphaZero（阿尔法零）也使用了 ResNet，可见 ResNet 确实很好用。

顾名思义，残差网络不用学习整个输出，而是学习上一层网络输出的残差。

1.4.2 ResNet 背景

通过增加网络层数的方法来增强网络的学习能力，这种方法并不总是可行的，因为网络到达一定的深度之后，再增加网络层数，就会出现随机梯度消失的问题，也会导致网络的准确率下降。

在 ResNet 提出之前，所有的神经网络都是通过卷积层和池化层的叠加组成的。人们认为卷积层和池化层越多，获取的图片特征信息越全，学习效果也就越好。但是在实际的试验中人们发现，随着卷积层和池化层的叠加，不但没有出现学习效果越来越好的情况，反而有以下两种问题。

（1）梯度消失和梯度爆炸

梯度消失：若每一层的误差梯度小于 1，反向传播时，网络越深，梯度越趋近于 0。

梯度爆炸：若每一层的误差梯度大于 1，反向传播时，网络越深，梯度越大。

（2）退化问题

随着网络层数增加，准确率反而越来越低。

为了让更深的网络也能有好的训练效果，人们提出了一个新的网络结构——ResNet。为了解决梯度消失这一问题，传统的方法是数据初始化和正则化，这确实解决了梯度消失的问题，但网络准确率的下降并没有改善。ResNet 可以解决梯度问题，网络层数的增加也使其表达的特征更好，相应的检测或分类的性能更强，再加上残差中使用了 1×1 的卷积，这样可以减少参数，也能在一定程度上减少计算量。

（1）梯度消失或梯度爆炸问题，ResNet 论文提出通过数据的预处理和在网络中使用批量归一化（Batch Normalization，BN）层来解决。BN 层结构如图 1.9 所示。

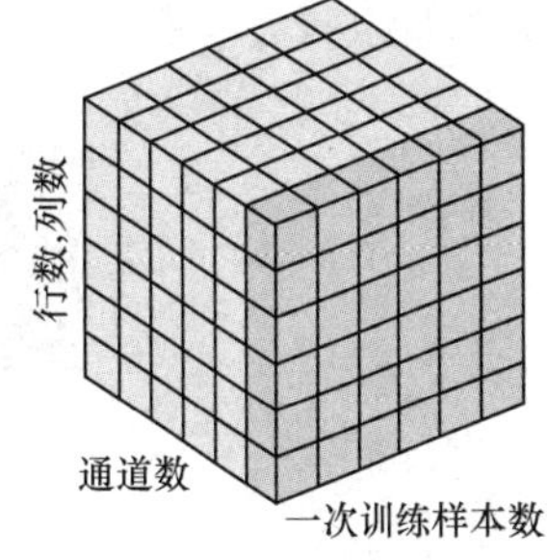

图 1.9 BN 层结构

批量归一化是指使一批数据的特征图满足均值为 0、方差为 1 的标准正态分布。在图像预处理过程中我们通常会对图像进行标准化处理，图像标准化是对数据通过去均值实现中心化处理。根据凸优化理论与数据概率分布相关知识，数据中心化符合数据分布规律，更容易取得训练之后的泛化效果，能够加速网络的收敛。如图 1.10 所示，对于 conv1 来说，输入的是满足某一分布的特征矩阵，但对于 conv2 而言，输入的特征图就不一定满足某一分布规律了。这里所说的满足某一分布规律并不是指某一个特征图的数据要满足分布规律，理论上是指整个训练样本集所对应特征图的数据要满足分布规律。而批量归一化的目的就是使我们的特征图满足均值为 0、方差为 1 的正态分布。

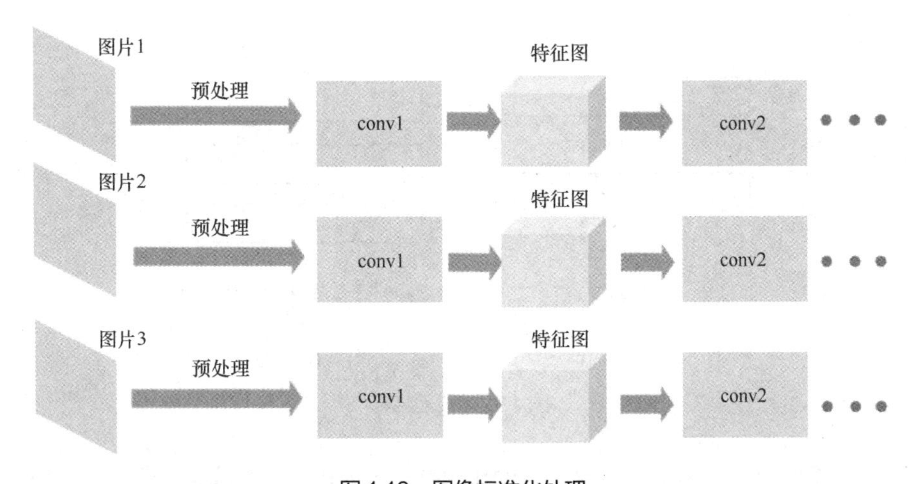

图 1.10 图像标准化处理

（2）为了解决深层网络中的退化问题，可以人为地让神经网络的某些层跳过下一层神经元的连接，隔层相连，弱化每层之间的强联系。这种神经网络被称为残差网络（ResNet）。ResNet 论文提出了残差结构来缓解退化问题。

1.4.3 ResNet 核心内容

我们设 F 是求和前网络映射，H 是从输入到求和后的网络映射。如果深层网络的后面那些层之间是恒等映射，那么模型就退化为一个浅层网络。那么当前要解决的就是学习恒等映射函数了。如图 1.11 所示，直接让一些层去拟合一个潜在的恒等映射函数 $H(x)=x$ 比较困难，这可能就是深层网络难以训练的原因。但是，如果把网络设计为 $H(x)=F(x)+x$（见图 1.8），我们就可以转而学习一个残差函数 $F(x)=H(x)-x$。只要 $F(x)=0$，就构成了一个恒等映射 $H(x)=x$。而且，拟合残差肯定较为容易。

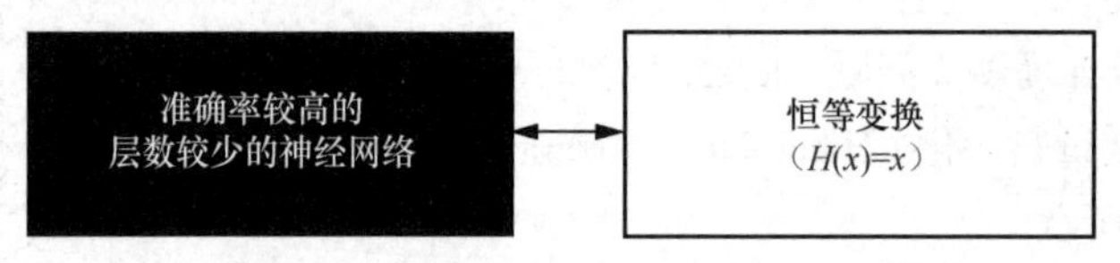

图 1.11　层数较多的神经网络难以拟合

如果残差函数（$F(x)$）的维度与跳跃连接的维度不同，那是没有办法对它们两个进行相加操作的，必须对 x 进行升维操作，让二者维度相同，才能计算。升维的方法有全 0 填充和采用 1×1 卷积。

残差结构使用了一种名为“Shortcut Connection”的连接方式，可理解为“捷径”，让特征矩阵隔层相加。注意，$F(x)$和 x 形状要相同，所谓相加是特征矩阵相同位置上的数字相加。

残差结构有两种，一种是两层结构（BasicBlock），另一种是三层结构（Bottleneck），如图 1.12（a）和图 1.12（b）所示。

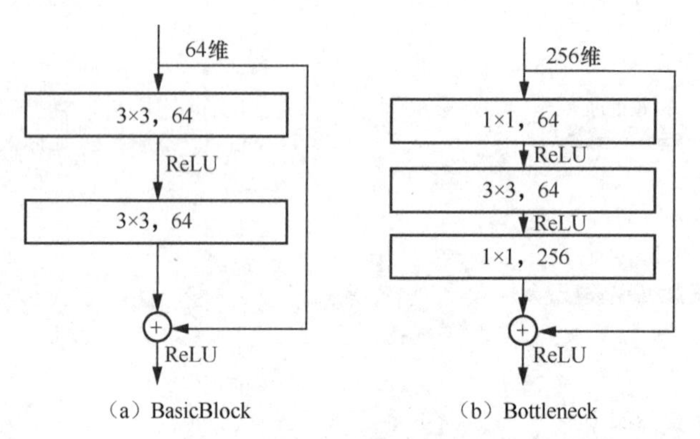

图 1.12　残差结构

图 1.12（b）中第一层的 1×1 的卷积核的作用是对特征矩阵进行降维操作，将特征矩阵的深度由 256 降为 64；第三层的 1×1 的卷积核是对特征矩阵进行升维操作，将特征矩阵的深度由 64 升成 256。降低特征矩阵的深度主要是为了减少参数。如果采用 BasicBlock，参数的个数应该是 256×256×3×3×2=1179648；采用 Bottleneck，参数的个数则是 1×1×256×64+3×3×64×64+1×1×256×64=69632。

先降后升的目的是使主分支上输出的特征矩阵和捷径分支上输出的特征矩阵形状相同，以便进行加法操作。

残差即观测值与估计值之间的差。残差的思想是去掉相同的主体部分，从而突出微小的变化。一个残差块有 2 条路径 $F(x)$和 x，$F(x)$路径拟合残差，可称之为残差路径；x 路径为恒等映射，可称之为捷径。图 1.12 中的⊕表示“元素相加”，要求参与运算的 $F(x)$和 x 的尺寸相同。捷径大致可以分成 2 种，取决于残差路径是否改变了特征图数量和尺寸：一种是将输入 x 原封不动地输出；另一种则需要经过 1×1 卷积来升维或者降采样，主要作用是使输出与残差路径的输出保持形状一致，对网络性能的提升并不明显。两种捷径如图 1.13 所示。

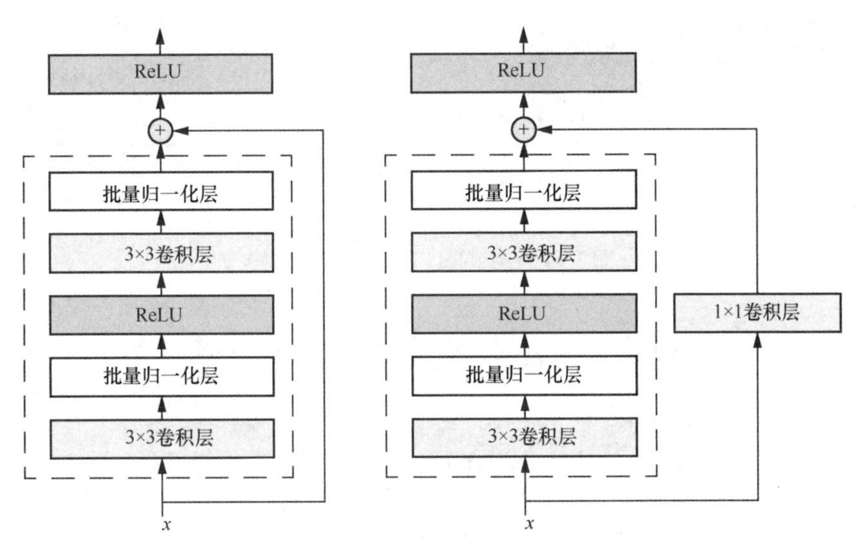

图 1.13　两种捷径

ResNet 沿用了 VGG 完整的 3×3 卷积层设计。残差块里首先有 2 个有相同输出通道数的 3×3 卷积层。每个卷积层后接一个批量归一化层和激活函数 ReLU（Rectified Linear Unit，线性整流单元）。捷径通过跨层数据通路，跳过这 2 个卷积运算，将输入直接加在最后的激活函数 ReLU 前。这样的设计要求 2 个卷积层的输出与输入形状一样，从而使它们可以相加。如果改变通道数，就需要引入一个额外的 1×1 卷积层来将输入变换成需要的形状后再做相加运算。

1.4.4　ResNet 结构

ResNet 的经典结构有 ResNet-18、ResNet-34、ResNet-50、ResNet-101、ResNet-152 几种，其中，ResNet-18 和 ResNet-34 的基本结构相同，属于相对浅层的网络，后面 3 种的基本结构不同于 ResNet-18 和 ResNet-34，属于更深层的网络。

ResNet-18 表示网络的基本架构是 ResNet，网络的深度是 18 层。但是这里的网络深度指的是网络的权重层，也就是包括卷积层和全连接层，而不包括批量归一化层和池化层。

ResNet-18 使用的是 BasicBlock。layer1 的结构如图 1.14 所示，特点是没有进行降采样，卷积层的步长为 1，即 stride=1，不会降采样。在进行捷径连接时，也没有经过降采样层。

而 layer2（layer3、layer4）的结构如图 1.15 所示，每层包含 2 个 BasicBlock，但是第 1 个 BasicBlock 的第 1 个卷积层 stride=1，会进行降采样。在进行捷径连接时，会经过降采样层，进行降采样和降维。

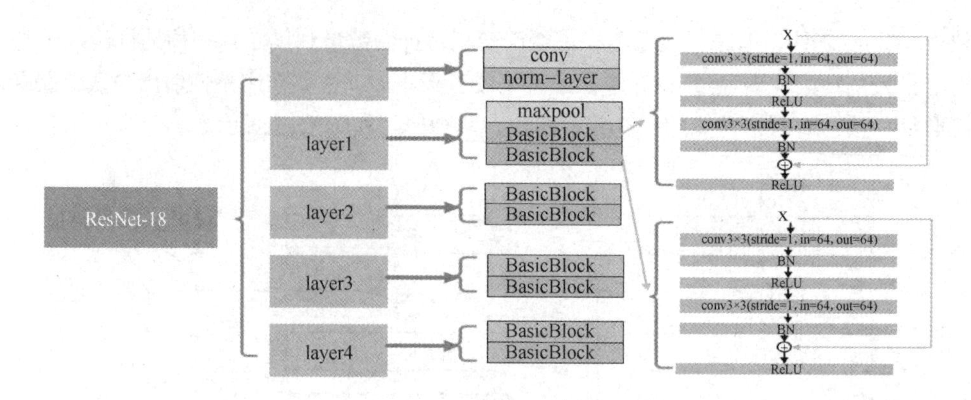

图 1.14　ResNet-18 的 layer1 结构

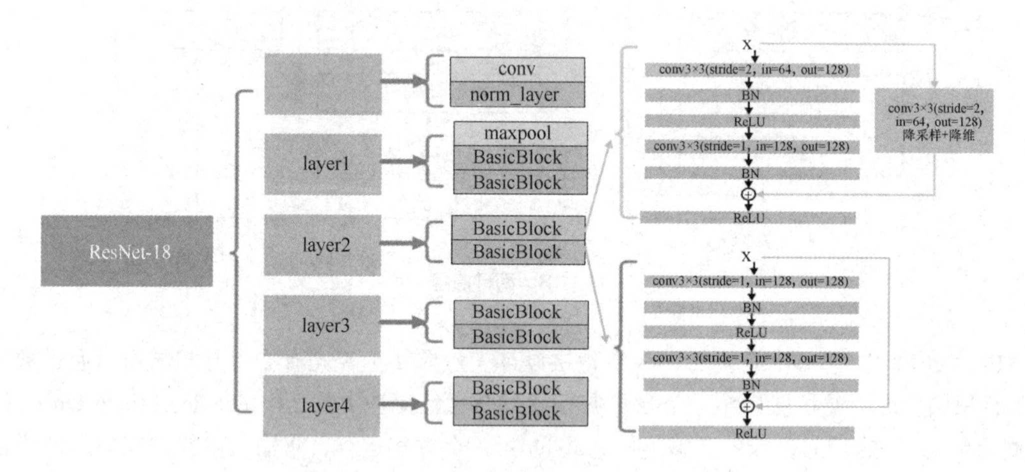

图 1.15　ResNet-18 的 layer2 结构

ResNet-18 结构如图 1.16 所示。

ResNet-50 模型如图 1.17 所示，包含 49 个卷积层、1 个全连接层。ResNet-50 模型可以分成七个部分，第一部分不包含残差块，主要对输入进行卷积、正则化、激活函数、最大池化的计算。第二、三、四、五部分都包含了残差块，图中的卷积块不会改变残差块的尺寸，只用于改变残差块的维度。在 ResNet-50 模型中，残差块都有 3 层卷积，那么网络总共有 1+3×（3+4+6+3）= 49 个卷积层，加上最后的全连接层总共是 50 层，这也是 ResNet-50 名称的由来。网络的输入维度为 224×224×3，经过前五部分的卷积计算，输出维度为 7×7×2048，平均池化层会将其转化成一个特征向量，最后分类器会对这个特征向量进行计算并输出类别概率。

layer1 结构如图 1.18 所示，在 layer1 中，首先第一个 Bottleneck 只会进行升维，不会降采样。捷径连接前，会经过降采样层升维处理。第二个 Bottleneck 的捷径连接不会经过降采样层。

而 layer2（layer3、layer4）的结构如图 1.19 所示，每层包含多个 Bottleneck，但是第 1 个 Bottleneck 的 3×3 卷积层 stride=2，会进行降采样。在进行捷径连接时，会经过降采样层，进行降采样和降维。

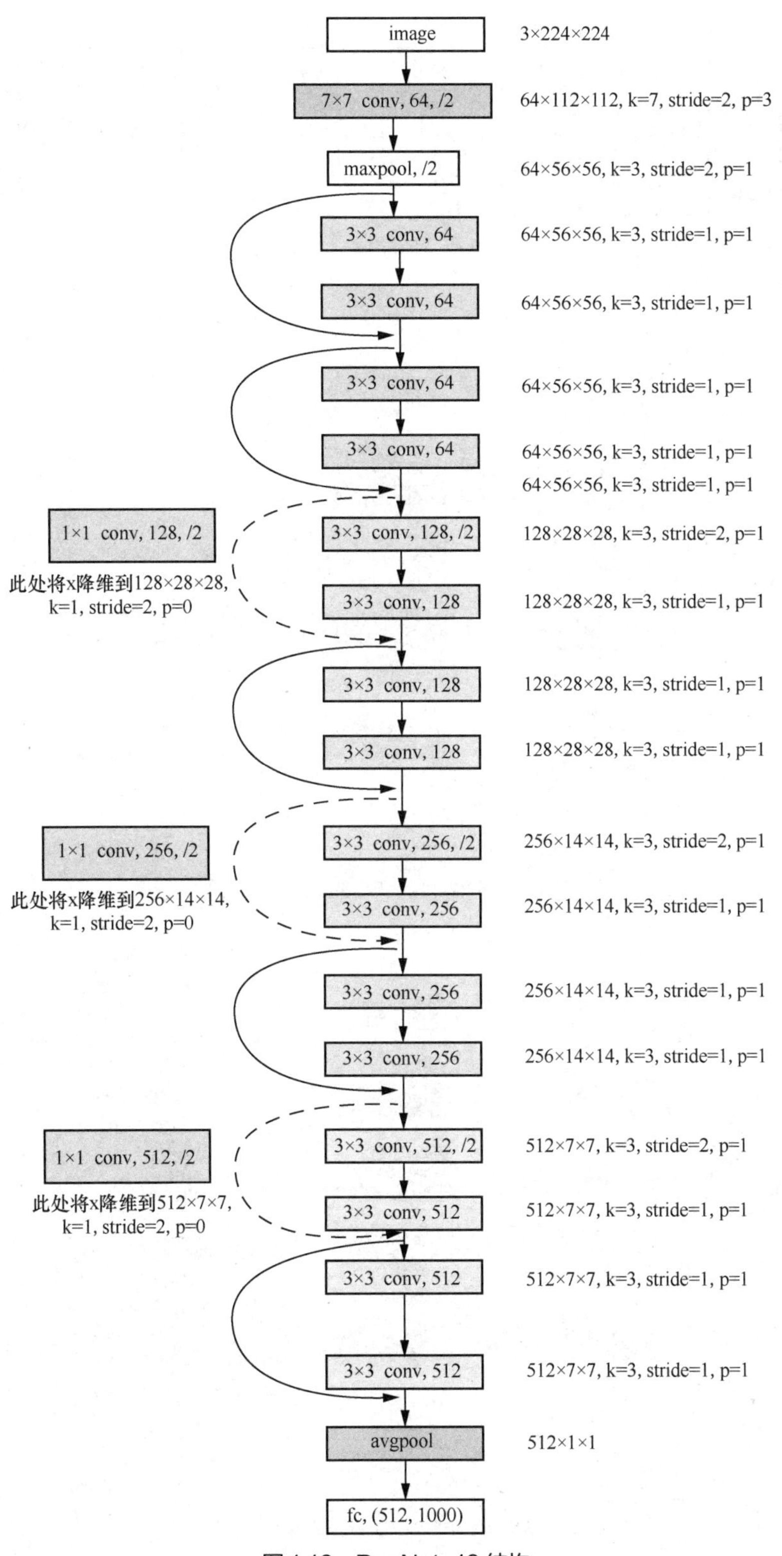

图1.16　ResNet-18 结构

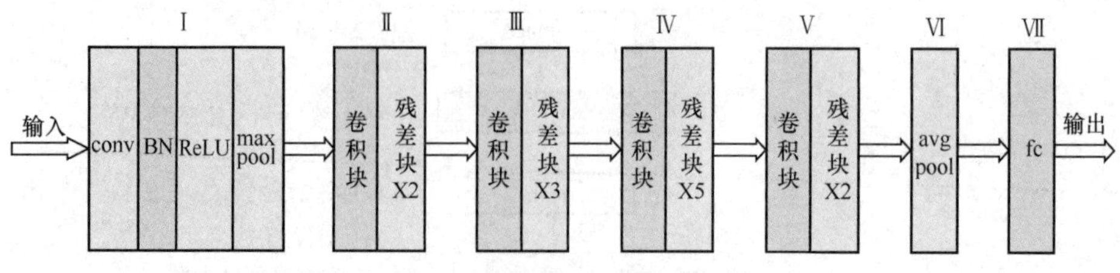

图 1.17　ResNet-50 模型

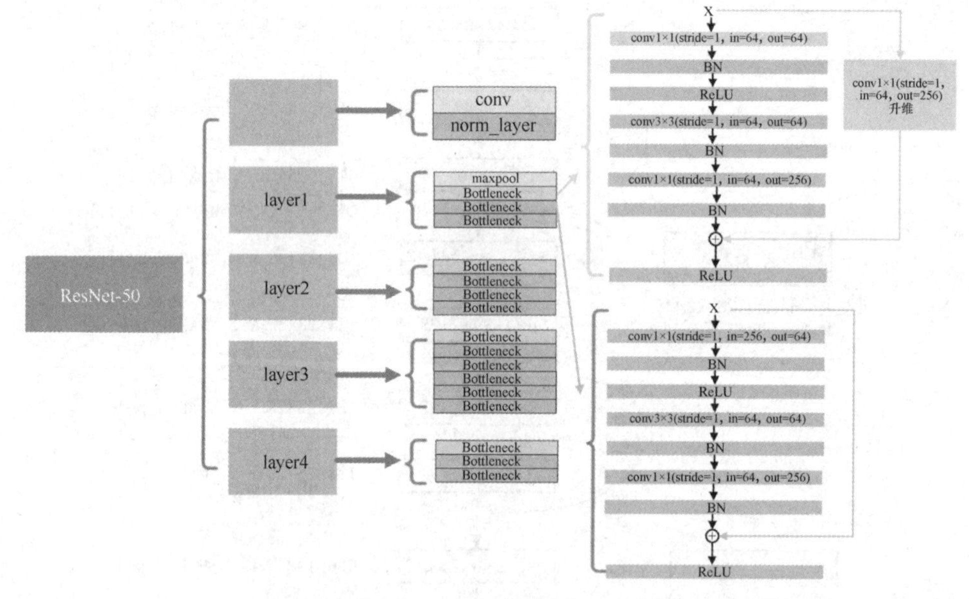

图 1.18　ResNet-50 的 layer1 结构

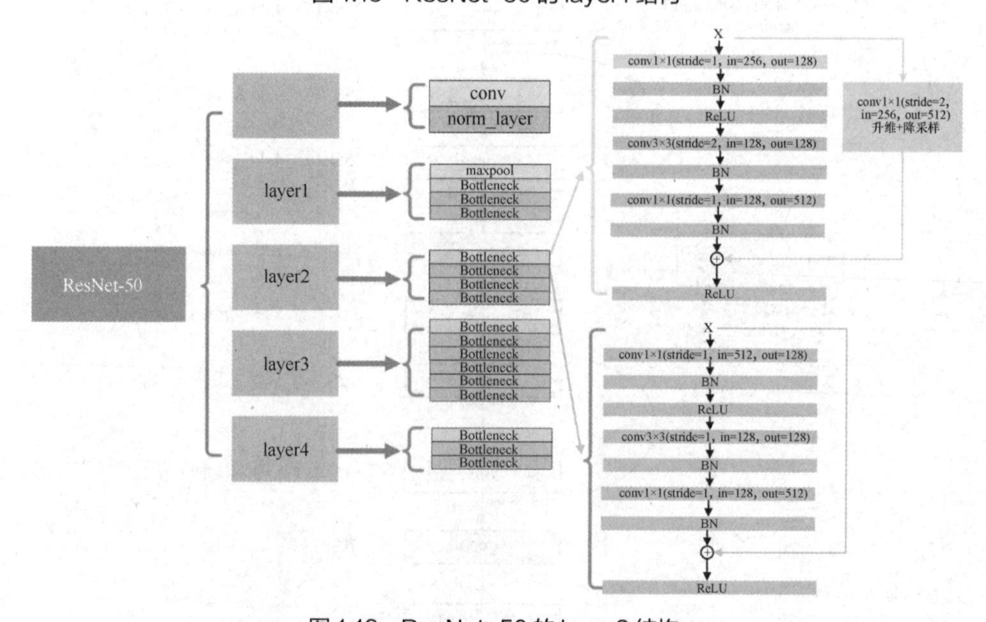

图 1.19　ResNet-50 的 layer2 结构

结合上述分析，可以得到 ResNet-50 的整体结构如图 1.20 所示。

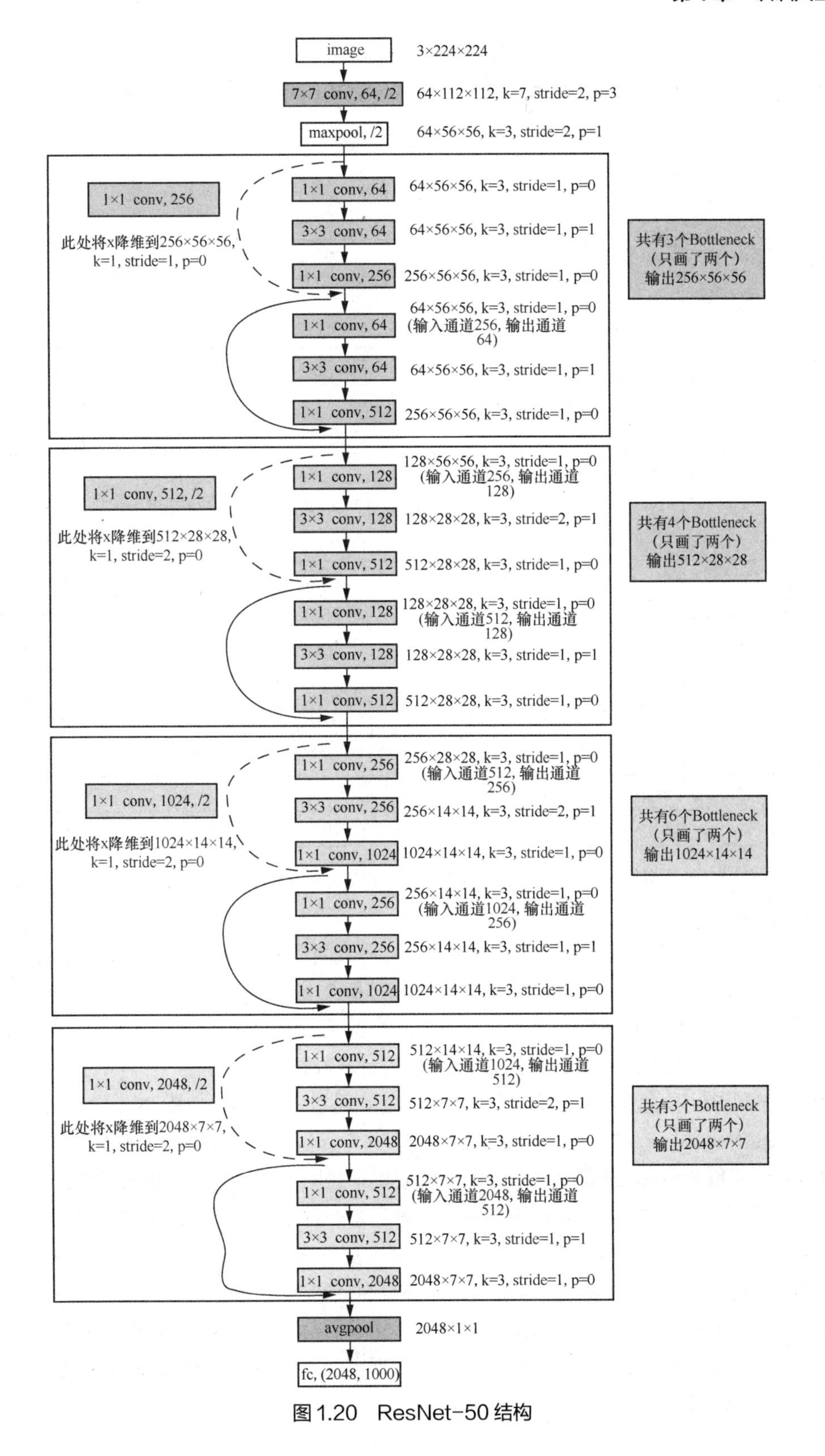

图 1.20　ResNet-50 结构

ResNet-101 有两个基本的块，分别名为 Conv Block 和 Identity Block。其中 Conv Block 输入维度和输出维度是不一样的，所以不能连续串联，它的作用是改变网络的维度；Identity Block 输入维度和输出维度相同，可以串联，用于加深网络。

ResNet 不同的结构如表 1.1 所示。

表 1.1 ResNet 不同的结构

层名	输出尺寸	18 层	34 层	50 层	101 层	152 层
conv1	112 × 112	7 × 7，64，stride=2				
conv2_x	56 × 56	3 × 3 maxpool，stride=2				
		$\begin{bmatrix}3\times3,64\\3\times3,64\end{bmatrix}\times2$	$\begin{bmatrix}3\times3,64\\3\times3,64\end{bmatrix}\times3$	$\begin{bmatrix}1\times1,64\\3\times3,64\\1\times1,256\end{bmatrix}\times3$	$\begin{bmatrix}1\times1,64\\3\times3,64\\1\times1,256\end{bmatrix}\times3$	$\begin{bmatrix}1\times1,64\\3\times3,64\\1\times1,256\end{bmatrix}\times3$
conv3_x	28 × 28	$\begin{bmatrix}3\times3,128\\3\times3,128\end{bmatrix}\times2$	$\begin{bmatrix}3\times3,128\\3\times3,128\end{bmatrix}\times4$	$\begin{bmatrix}1\times1,128\\3\times3,128\\1\times1,512\end{bmatrix}\times4$	$\begin{bmatrix}1\times1,128\\3\times3,128\\1\times1,512\end{bmatrix}\times4$	$\begin{bmatrix}1\times1,128\\3\times3,128\\1\times1,512\end{bmatrix}\times8$
conv4_x	14 × 14	$\begin{bmatrix}3\times3,256\\3\times3,256\end{bmatrix}\times2$	$\begin{bmatrix}3\times3,256\\3\times3,256\end{bmatrix}\times6$	$\begin{bmatrix}1\times1,256\\3\times3,256\\1\times1,1024\end{bmatrix}\times6$	$\begin{bmatrix}1\times1,256\\3\times3,256\\1\times1,1024\end{bmatrix}\times23$	$\begin{bmatrix}1\times1,256\\3\times3,256\\1\times1,1024\end{bmatrix}\times36$
conv5_x	7 × 7	$\begin{bmatrix}3\times3,512\\3\times3,512\end{bmatrix}\times2$	$\begin{bmatrix}3\times3,512\\3\times3,512\end{bmatrix}\times3$	$\begin{bmatrix}1\times1,512\\3\times3,512\\1\times1,2048\end{bmatrix}\times3$	$\begin{bmatrix}1\times1,512\\3\times3,512\\1\times1,2048\end{bmatrix}\times3$	$\begin{bmatrix}1\times1,512\\3\times3,512\\1\times1,2048\end{bmatrix}\times3$
	1 × 1	avgpool，1000 维 fc，Softmax				
计算量		1.8×10^9	3.6×10^9	3.8×10^9	7.6×10^9	11.3×10^9

首先看表 1.1 最左侧，我们发现所有的网络都分成 5 部分，分别是 conv1、conv2_x、conv3_x、conv4_x、conv5_x。

然后看 101 层那列，我们先看看 ResNet-101 是不是真的是 101 层网络。首先有个输入 7×7×64 的卷积，然后经过 3 + 4 + 23 + 3 = 33 个 building block，每个 building block 为 3 层，共有 33 × 3 = 99 层，最后有个 fc 层（用于分类），所以 1 + 99 + 1 = 101 层，确实有 101 层网络。101 层网络仅仅指卷积层和全连接层，而激活层或者池化层并没有计算在内。

由 50 层和 101 层这两列可以发现，它们唯一的不同在于 conv4_x，ResNet-50 有 6 个 building block，而 ResNet-101 有 23 个 building block，差了 17 个 building block，也就是 17 × 3 = 51 层。

ResNet-18 和 ResNet-50 都是非常受欢迎的卷积神经网络，用于计算机视觉任务，如图像分类、目标检测等。它们都是 ResNet 系列的一部分，是一种采用残差块的深度神经网络。

ResNet-50 比 ResNet-18 更深更大，具有更多的层数和参数。因此，通常情况下 ResNet-50 具有更好的性能。在训练大规模数据集时，ResNet-50 通常会比 ResNet-18 表现得更好。然而，ResNet-50 相对于 ResNet-18 的优点是以更高的计算成本和内存成本为代价的，因此在资源受限的环境中，ResNet-18 可能更适合。此外，如果数据集相对较小，则 ResNet-18 可能是更好的选择，因为它比 ResNet-50 更不容易过拟合。

1.5 YOLO

YOLO 是一种目标检测算法，能够快速进行目标检测。其通过训练一个深度学习模型，在图像中找到目标并进行分类。它的优势在于只需要进行一次卷积神经网络的前向计算，就能够同时完成目标的检测和分类，速度非常快。YOLO 算法在精度和速度上都优于传统的目标检测方法，因此在许多领域都得到了广泛应用，如视频监控、自动驾驶等。

1.5.1 YOLOv1

YOLOv1 是约瑟夫·雷德蒙（Joseph Redmon）和阿里·法哈迪（Ali Farhadi）等人于 2015 年提出的第一个基于单个神经网络的目标检测系统。目标检测任务是在图像中找到某些特定的物体，不仅要识别出物体，还要标出物体在图片的坐标位置。

在 YOLOv1 被提出之前，DPM（Deformatable Parts Models，可变形组件模型）和 R-CNN 是常用的目标检测系统。DPM 使用滑动窗口、利用一个比例合适的窗口在整个图像上滑动并运行分类器。R-CNN 通过区域建议方法，在图像中生成虚拟边界框，然后对该边界框所在的区域进行分类；在分类完成之后，使用线性回归来细化预先生成的边界框的位置和大小，并通过 NMS 消除重复检测框。这两种方法由于每个组件需要单独训练，因此实现过程过于复杂且难以优化。

YOLOv1 与 DPM 和 R-CNN 相比有三大主要优势。

（1）YOLOv1 将检测作为一个回归问题，不需要使用区域建议生成多个虚拟边界框，而是对整个图像进行检测。在预测新图像时，其只需要运行已训练的神经网络。这种方法提升了 YOLOv1 的目标检测速度。

（2）YOLOv1 与 DPM 和 R-CNN 在处理图像方面存在差异，无论是训练期间还是测试期间，YOLOv1 检测都基于整个图像，因此它在一定程度上解决了 DPM 和 R-CNN 处理图像的偏差问题。

（3）YOLOv1 在自然图像上进行训练后对复杂图像进行预测，效果超过 DPM 和 R-CNN 等检测方法。除此之外，YOLOv1 还具有通用性，检测环境的改变不会导致整个识别失效。

YOLOv1 虽然在许多方面优于其他传统检测方法，但识别图像的准确性与其他方法有较大的差距，尤其在检测微小物体时，YOLOv1 很难精确定位该物体的位置。

YOLOv1 的主要思想就是将图像分成 $S\times S$ 个小网格，如果某个物体的中心点在某一个网格内，那么就用这个网格来预测该物体。

在每个网格中，YOLOv1 会预测出两个边界框，每个边界框包含 5 个特征值，分别为横坐标 x、纵坐标 y、宽度 w、高度 h，以及边界框的置信度（Confidence）。其中置信度计算方法为

$$\mathrm{Pr(Object)} \times \mathrm{IoU(truth,pred)} \tag{1-1}$$

式（1-1）中，如果有个物体（Object）在一个网格里，第一项 Pr(Object)就取值为 1，否则 Pr(Object)取值为 0；第二项表示预测边界框和实际边界框的 IoU。IoU 计算方式如图 1.21 所示。

在测试的时候，每个网格存在任意种类物体的概率记作 $\Pr(\text{Class}_i|\text{Object})$，将该概率与边界框预测置信度相乘，计算出置信度得分（Confidence Score），接着设置相关阈值，剔除置信度得分较低的边界框，最后用 NMS 处理剩下的边界框得出最终检测结果。其中置信度得分公式计算方法为

$$\Pr(\text{Class}_i|\text{Object}) \times \Pr(\text{Object}) \times \text{IoU}(\text{truth,pred}) = \Pr(\text{Class}_i) \times \text{IoU}(\text{truth,pred}) \quad (1\text{-}2)$$

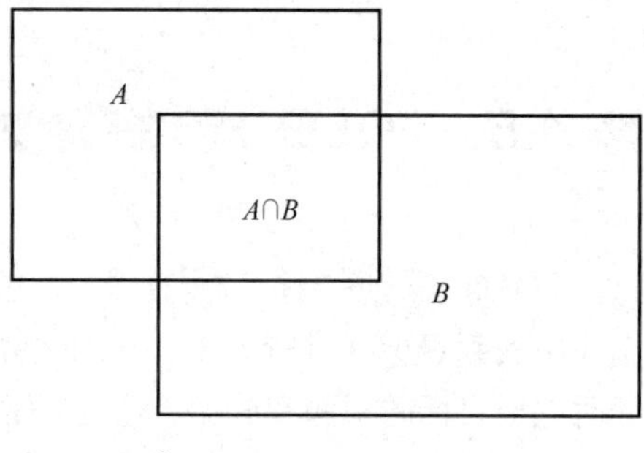

图 1.21　IoU 计算方式

损失函数是用于衡量模型的预测结果与实际标签之间的差异的指标，在目标检测算法中起着至关重要的作用。通过最小化损失函数，可以优化模型参数，从而训练出一个更准确的物体检测模型。

YOLOv1 的损失函数为三部分相加：

$$\lambda_{\text{coord}}\sum_{i=0}^{S^2}\sum_{j=0}^{B}\mathbb{1}_{ij}^{\text{obj}}\left[\left(x_i-\hat{x}_i\right)^2+\left(y_i-\hat{y}_i\right)^2\right]+\lambda_{\text{coord}}\sum_{i=0}^{S^2}\sum_{j=0}^{B}\mathbb{1}_{ij}^{\text{obj}}\left[\left(\sqrt{w_i}-\sqrt{\hat{w}_i}\right)^2+\left(\sqrt{h_i}-\sqrt{\hat{h}_i}\right)^2\right]$$
$$+\sum_{i=0}^{S^2}\sum_{j=0}^{B}\mathbb{1}_{ij}^{\text{obj}}\left(C_i-\hat{C}_i\right)^2+\lambda_{\text{noobj}}\sum_{i=0}^{S^2}\sum_{j=0}^{B}\mathbb{1}_{ij}^{\text{noobj}}\left(C_i-\hat{C}_i\right)^2$$
$$+\sum_{i=0}^{S^2}\mathbb{1}_{i}^{\text{obj}}\sum_{c\in\text{classes}}\left(p_i(c)-\hat{p}_i(c)\right)^2$$

第一部分计算出正样本中心点坐标与宽高的损失。λ_{coord} 默认值为 5，目的是调节位置损失的权重。$\mathbb{1}_{ij}^{\text{obj}}$ 用来判断第 i 个网格中的第 j 个边界框中是否存在目标对象，如果存在目标对象，其值为 1，否则为 0。

第二部分计算正样本和负样本的置信度损失。λ_{noobj} 默认值为 0.5，目的是降低负样本置信度损失的权重。$\mathbb{1}_{ij}^{\text{noobj}}$ 与 $\mathbb{1}_{ij}^{\text{obj}}$ 意思相反，如果不存在目标对象，其值为 1，否则为 0。

第三部分计算正样本类别损失。$p_i(c)$ 表示预测第 i 个位置上为第 c 个类别的概率，$\hat{p}_i(c)$ 表示该位置上实际的类别标签（人工标记的标签，概率为 1）。

YOLOv1 网络借鉴了 GoogleNet 结构，并在此基础上进行了改进。YOLOv1 网络结构如图 1.22 所示，它使用 24 个卷积层从图像中提取特征，2 个全连接层输出预测概率和坐标。

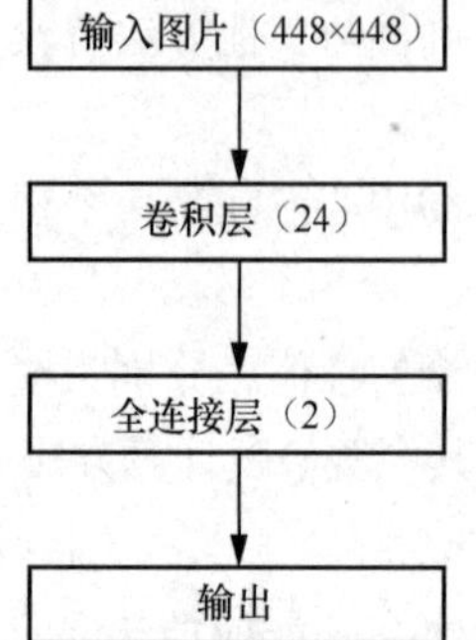

图 1.22　YOLOv1 网络结构

在网络训练中，YOLOv1 首先使用 224×224 的图像进行分类任务的预训练，然后将这个预训练模型作为目标检测模型的初始特征提取器，并使用 448×448 的图像进行目标检测任务的训练和预测。采用这种方式可以提高目标检测模型的训练速度，同时还可以在保证精度的情况下提高目标检测的速度。

YOLOv1 的卷积层采用激活函数 LReLU（Leaky Rectified Linear Unit，渗漏线性整流单元），该函数在输入为负数时乘上一个小于 1 的斜率，使得输出有一个很小的负斜率。这个斜率可以使得神经元在反向传播时仍然具有非零

的梯度，从而避免该负值对整个网络的影响，并提高模型的稳定性和收敛速度。

最终输出层输出一个 7×7×30 的三维张量，其中 7×7 表示将输入图像分成 7×7 个网格，每个网格对应张量中的一个位置。每个位置包含 30 个值，这些值包括 20 个类别概率（对应 20 个检测类别）和 10 个边界框参数（这 10 个边界框参数是指每个位置包含的两个边界框的中心坐标、宽度、高度以及每个边界框对应的置信度得分）。

1.5.2　YOLOv2

2017 年，约瑟夫·雷德蒙和阿里·法哈迪等人在 YOLOv1 的基础上，提出了 YOLOv2 和 YOLO9000，主要解决 YOLOv1 在召回率和定位精确度方面的不足。YOLOv2 检测方法的目的是在保证速度的情况下，提高检测的准确性。YOLO9000 则解决了 YOLOv1 检测物体类别较少的问题，YOLO9000 可以检测出 9000 多种物体。

YOLOv2 引入批量归一化技术来加速网络训练，并有效防止反向传播过程中出现梯度消失和梯度爆炸问题。YOLOv2 的网络结构在每个卷积层后面都添加了批量归一化层，并舍弃之前所使用的 DropOut 方法，这样处理在一定程度上实现了正则化效果，降低了模型的过拟合风险。

由于图像分类的训练样本过多，并且许多图像的分辨率难以达到要求，遇到高分辨率图像时，模型在分类任务中表现不佳，因此 YOLOv2 引入高分辨率分类器（High Resolution Classifier）。YOLOv2 采用 224×224 的图像作为输入进行训练，并使用 448×448 的高分辨率图像对分类模型进行了 10 个周期的微调，以提高模型在处理高分辨率图像时的适应能力，从而避免高分辨率图片输入带来的影响。

YOLOv1 包含 2 个全连接层，用于处理所有输入特征和输出类别，然后直接预测出边界框的位置和类别信息，而 Faster R-CNN 算法用 RPN 来预测先验框（Anchor Box）的偏移量和置信度得分。Faster R-CNN 这种方法可以大大降低神经网络的复杂度并提高目标定位的精确度。

YOLOv2 采用了 Faster R-CNN 的方法，通过使用先验框来预测物体边界框，并移除了 YOLOv1 中的全连接层。此外，为了提高目标检测准确度并使模型能处理各种不同尺寸的物体，YOLOv2 在每个网格中设置了一组不同大小和宽高比的先验框。同时，为了提高特征图的分辨率和保留更多细节信息，网络中去掉了一个池化层。YOLOv2 还将输入图像的尺寸从 448×448 调整为 416×416，这也有助于提高检测速度和精度。

YOLOv2 在确定先验框的尺寸时，使用 K-means 聚类算法来对训练集中标注的边界框进行聚类分析，以此找到一组最佳的先验框尺寸，从而降低网络微调先验框到实际位置的难度。

YOLOv2 通常用 IoU 作为 K-means 聚类算法的距离度量，距离度量公式为

$$d(\text{box},\text{centroid}) = 1 - \text{IoU}(\text{box},\text{centroid}) \tag{1-3}$$

在这个公式当中，centroid 就是聚类过程中被选作中心的边界框，而 box 是除中心边界框之外的边界框。从这个公式可以发现，中心边界框和其余边界框的 IoU 越大，它们之间的距离就越小，因为 IoU 反映了两个边界框的相似程度或者重叠程度。在聚类算法中，我们通常会选择 IoU 最大的边界框作为簇的中心边界框，因为它能更好地代表该簇内的边界框。通过这种方式，我们可以将边界框分成若干个簇，并且每个簇都由一个中心边界框和若干个偏移量组成，从而

实现目标检测模型中的先验框的生成。

如果使用的是标准欧式距离的 K-means 聚类算法，模型会将先验框的所有特征值都视为同等重要，从而导致尺寸大的先验框被赋予更高的权重，最后对聚类结果产生巨大的影响。

通过对比实验结果（见表 1.2）可以发现，当选用 IoU 作为距离度量的 K-means 算法时，边界框分成 9 个簇的 IoU 平均值等于 67.2，而当不使用聚类算法时，IoU 平均值等于 60.9，这表明聚类在一定程度上能提高目标检测的准确性。

表 1.2　选取不同边界框实验结果

边界框	簇数	IoU 平均值
Cluster SSE	5	58.7
Cluster IoU	5	61.0
Anchor Box	9	60.9
Cluster IoU	9	67.2

Faster R-CNN 的先验框位置预测公式为

$$x = (t_x \times w_a) + x_a, \quad y = (t_y \times h_a) + y_a \tag{1-4}$$

式（1-4）中，(x_a, y_a)为先验框中心点坐标，w_a 和 h_a 分别是先验框的宽和高，t_x 和 t_y 是变量参数。由于 t_x 和 t_y 的取值没有明确的限制和约束，因此预测的边界框中心点可能会出现在任何一个位置，这会影响目标检测的准确度。

为了解决这个问题，YOLOv2 的作者对预测公式进行了调整，采用 sigmoid 函数将 t_x 和 t_y 的值映射到(0,1)区间内，从而有效地限制边界框中心点的偏移范围，减少位置偏移带来的影响。YOLOv2 的先验框位置预测公式为

$$\begin{aligned} x_b &= \sigma(t_x) + x_c, \\ y_b &= \sigma(t_y) + y_c, \\ b_w &= p_w \mathrm{e}^{t_w}, \\ b_h &= p_h \mathrm{e}^{t_h}, \\ \Pr(\text{object}) &\times \mathrm{IoU}(b, \text{object}) = \sigma(t_o) \end{aligned} \tag{1-5}$$

式（1-5）中，(x_b, y_b)是预测先验框的中心点坐标，b_w 和 b_h 是预测先验框的宽和高，(x_c, y_c)是原先验框的中心点坐标，p_w 和 p_h 是原先验框的宽和高，$\sigma(x)$是 sigmoid 函数。

过去的目标检测算法，如基于 SIFT（Scale Invariant Feature Transform，尺度不变特征转换）和 SURF（Speeded Up Robust Features，加速稳健特征）等特征点的方法，通常难以有效地检测小物体。这是因为这些方法更加依赖于关键点的提取和匹配，而小物体往往没有足够的特征点来支持检测。为了解决这个问题，YOLOv1 作为一种新型目标检测算法被提出。相较于传统方法，YOLOv1 将目标检测任务作为一个回归问题，并采用将图像分成网格单元的方式来预测每个物体的边界框和类别。虽然 YOLOv1 具有较快的处理图片速度和较高的检测精度，但它仍然难以检测小尺寸物体。

为了克服这个缺点，YOLOv2 引入了 passthrough 层和其他技术。其中，passthrough 层连接前面的高分辨率特征图和后面的低分辨率特征图，类似于 ResNet 网络中的捷径，能够显著提高

模型的特征表达能力，从而更好地检测小物体。

为了让模型更好地适应不同尺寸的输入图像，YOLOv2 采用了多尺度训练（Multi-Scale Training）策略。该策略采用从 320 到 608 的候选尺度，每隔 32 个像素取一个尺度，这是为了覆盖大部分常见的目标大小。在训练过程中，每隔一定迭代周期，模型会随机选择一个候选尺度进行训练。在不同尺度的输入图像上进行训练时，只需要对最后的检测层进行相应的调整和修改就可以重新训练模型，无须改变整个网络结构。这种采用不同尺度训练并随机切换的方法可以提高模型的泛化能力和稳健性，提高目标检测的准确率，降低召回率。同时，针对不同场景，可以根据需要选择合适的输入图像尺寸，即可以在速度和精度之间进行权衡，实现个性化的模型训练。

YOLOv2 网络结构如图 1.23 所示，其在 YOLOv1 的基础上进行了改进，最显著的变化是将 YOLOv1 中的最后一个 7×7 卷积层替换成三个 3×3 的卷积层。每个卷积层包含 1024 个滤波器，最后一个 1×1 卷积层用于输出预测结果。

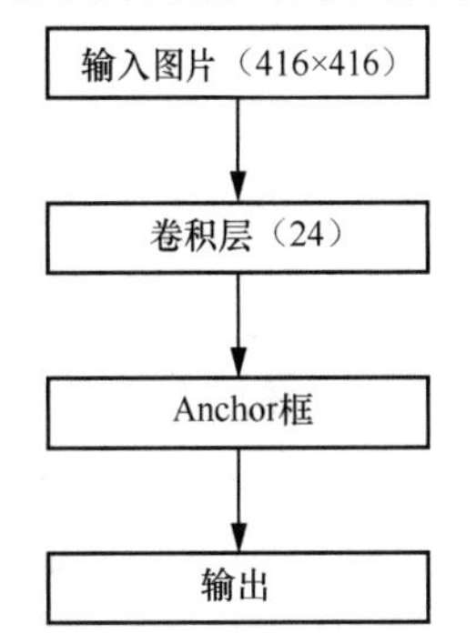

图 1.23　YOLOv2 网络结构

1.5.3　YOLOv3

YOLOv3 在 YOLOv2 与 YOLO9000 的基础上做了进一步的改进，其目的仍然是保证快速检测，提高检测精确度，并且该版本优化了 YOLO 对微小物体的定位。YOLOv3 主要改进了损失函数的计算、多尺度预测和网络结构。

由于传统的 Softmax 函数会受到多个标签带来的影响，不能有效解决多标签分类预测问题，因此 YOLOv3 使用了逻辑回归分类器。逻辑回归分类器相互独立，能够有效解决多标签问题。在训练过程中，YOLOv3 将每个样本视为多个独立的二元分类问题，并分别计算每个标签的二元交叉熵损失，最终将所有标签的损失加权求和，得到总体损失，并通过反向传播算法更新模型参数。

为了继续提高目标检测的准确度，YOLOv3 采用了多尺度预测。在预测过程中，先验框会根据输出的特征图的数量和尺度的变化而改变。YOLOv3 预先生成 3 种不同的先验框，然后通过 K-means 算法聚类出 9 种先验框。对于微软公司构建的 COCO 数据集，这 9 种先验框（见表 1.3）大小分别为 10×13、16×30、33×23、30×61、62×45、59×119、116×90、156×198、373×326。

表 1.3　K-means 聚类出 9 种先验框

先验框大小	特征图尺寸	预测物体大小
(10×13),(16×30),(33×23)	13×13	大
(30×61),(62×45),(59×119)	26×26	中等
(116×90),(156×198),(373×326)	52×52	小

对于提取图像特征，YOLOv3 的网络结构如图 1.24 所示。它采用 Darknet-53 框架的网络结构（其中有 53 个卷积层）。这种网络结构是一种 Darknet-19 框架和残差网络的混合体。YOLOv2 使用了连续的 3×3 和 1×1 的卷积层，YOLOv3 在此基础上在每两个卷积层之间添加一条捷径。YOLOv3 的网络结构如图 1.24 所示。

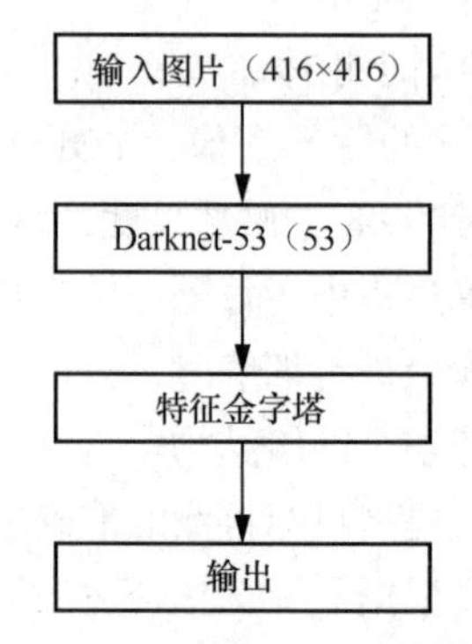

图 1.24　YOLOv3 的网络结构

深度神经网络在训练过程中，由于反向传播算法的存在，梯度会逐层地传播回去，而当网络层数较多时，这个过程中容易出现梯度消失或梯度爆炸问题，导致模型难以收敛。因此，YOLOv3 网络结构引入了残差网络，该残差网络在网络中添加捷径，使得信息更快速地从输入层传递到输出层，缓解了梯度消失和梯度爆炸问题，并提高了网络的训练效率和准确性。

1.5.4 YOLOv4

2020 年，阿列克谢 · 博奇科夫斯基（Alexey Bochkovskiy）等人提出 YOLOv3 的升级版——YOLOv4。与 YOLOv3 相比，YOLOv4 在速度、准确率和稳健性等方面都有了较大的提升。

YOLOv4 论文提出了免费包（Bag of Freebies，BoF）和特赠包（Bag of Specials，BoS）这两个概念。

（1）BoF

BoF 表示只改变训练策略或只增加训练的方法，主要针对深度学习中出现的过拟合、数据不平衡、训练速度和稳定性等问题进行优化，从而提高模型在各种任务上的性能。其中常见的技术包括数据增强、网络正则化、优化数据不平衡等。

① 数据增强。数据增强是深度学习中不可或缺的一环，它能够扩充数据集、防止过拟合、提高模型的稳健性以及优化数据分布，从而提高模型的泛化能力。数据增强方法包括几何变换、CutMix、CutOut、Mosaic 等。

- 几何变换通过对输入数据进行旋转、缩放、翻转等变换来扩充数据集，提高模型的稳健性。
- CutMix 可以对多张照片进行融合，从而生成一个全新的训练样本。
- CutOut 和 Mosaic 分别用于图像区域遮挡和图像拼接。这些技术可以在一定程度上提高模型的泛化能力，改善模型在实际应用场景中的表现。

② 网络正则化。网络正则化技术可以通过在网络中引入随机丢弃节点或权重等方式来减少过拟合现象，从而提高模型的泛化能力。常见的网络正则化方法包括 DropOut、DropConnect、DropBlock 等。

- DropOut 是在训练中随机丢弃一些神经元，从而降低模型对某些特定输入数据的依赖性，减少过拟合现象。

- DropConnect 是 DropOut 的推广，该方法在训练过程中丢弃一部分连接权重，以减少神经网络中的参数，提高模型的泛化能力。
- DropBlock 通过丢弃卷积层输出的特征图中的一些区域来增强特征的多样性和泛化能力，从而提高模型的性能。

③ 优化数据不平衡。优化数据不平衡方法通过调节训练样本的权重或者选择困难样本进行训练来解决数据不平衡问题，并提高模型在少数类别上的分类性能。常见的优化数据不平衡方法有 Hard negative example mining（困难负样本挖掘）和 Online hard example mining（在线困难样本挖掘）。

- Hard negative example mining 挖掘那些被错误分类为背景的样本，将其作为负样本重新加入训练集。
- Online hard example mining 是在每个批量训练中，通过计算损失函数找到那些权重高且难以分类的样本，并将其加入训练集进行训练。

（2）BoS

BoS 主要提高模型的性能和准确性，同时减少额外的预测成本。其中常见的技术包括增强感受野、注意力机制、特征融合、激活函数的改进、后处理等。

① 增强感受野。感受野指的是卷积神经网络中每一层特征图上的一个像素点对应的输入图像的某一块区域。在计算机视觉任务中，感受野的大小对于提取图像特征和识别物体等非常重要。较小的感受野可以捕获更细微的信息，有利于检测物体的细节特征；而较大的感受野则可以提供更广阔的感知范围，有利于获取上下文相关信息。增强感受野是指通过改变卷积神经网络中某些层的结构或参数，使得该层的神经元在处理输入时能够涵盖更广阔的空间范围。这样做可以使卷积神经网络具有更强的特征提取能力和更高的准确率。常用的增强感受野的方法有 SPP（Spatial Pyramid Pooling，空间金字塔池化）、ASPP（Atrous Spatial Pyramid Pooling，空洞金字塔池化）等。

- SPP 能够自适应地对输入图像进行多尺度池化，从而扩大感受野。
- ASPP 主要针对语义分割任务，能够提高分割精确度。

② 注意力机制。注意力机制是一种用于提高深度神经网络性能的常见技术，它可以帮助模型在处理输入数据时集中关注最重要的部分，从而提高模型的准确率和性能。常用的注意力机制有 Squeeze-and-Excitation（压缩和激励）、Spatial Attention Module（空间注意力模块）等。

- Squeeze-and-Excitation 是一种通道（通道是指数据的不同特征维度）注意力模型，其可以通过学习每个通道的权重来提高对重要通道的关注度，从而提高模型在图像分类、目标检测等任务上的性能，并在一定程度上减少过拟合现象。
- Spatial Attention Module 是一种空间（空间指的是图像某一部分区域的特征值）注意力模型，其为每个空间计算一个注意力权重，该权重表示该位置对于解决任务的重要性，然后将注意力与每个空间逐个相乘，从而增加重要特征的权重，以此提高模型的稳健性和泛化性。

③ 特征融合。特征融合是对同一模式抽取不同的特征矢量进行优化组合的技术，它可以提高模型识别的效率和准确性。常用的特征融合方法有 FPN（Feature Pyramid Network，特征金字

塔网络）、SFAM（Scale-wise Feature Aggregation Module，尺度特征聚合模块）以及 ASFF（Adaptively Spatial Feature Fusion，自适应空间特征融合）等。

- FPN 是一种以自上而下和自下而上的路径来合并不同分辨率的特征图的方法，它能够提高整体的分类性能。
- SFAM 是一种基于注意力机制的特征融合方法，可以根据每个通道的重要性动态地选择合适的特征图进行融合。
- ASFF 是一种自适应空间特征的融合方法，可以根据每个像素点的特征相似性来动态地调整特征融合的权重，从而提高模型的表现。

④ 激活函数的改进。激活函数是神经网络的一个重要组成部分，用于增加模型的非线性特征，从而提高模型的表达能力和预测精度。常见的激活函数有 LReLU、PReLU、Scaled Exponential Linear Unit（SELU）以及 Mish 等。YOLOv4 主要采用 Mish 作为激活函数，与先前的 LReLU 相比，Mish 具有更柔和的非线性特性，可以在一定程度上抑制过拟合和欠拟合，并且在处理较大的输入时不会出现梯度消失和梯度爆炸问题，从而提高了模型的精度。

⑤ 后处理。后处理是指对模型的输出进行进一步处理的过程。常用的后处理方法有 NMS、DIoU NMS、soft NMS 等。

- NMS 是一种经典的后处理技术，它用于过滤重叠的检测框并选择置信度最高的结果。
- DIoU NMS 是一种 NMS 的改进方法，它使用 DIoU（Distance-IoU）来评估两个边界框之间的距离。DIoU 考虑了边界框之间的距离，因此，在重叠度相同的情况下，位置更接近真实目标的检测框得分会更高。
- soft NMS 也是一种 NMS 的改进方法，它并不是将重叠的检测框去除，而是降低置信度来保留重叠的检测框。这种方法能够避免 NMS 去除一些重要的检测结果。

YOLOv4 的网络结构如图 1.25 所示。

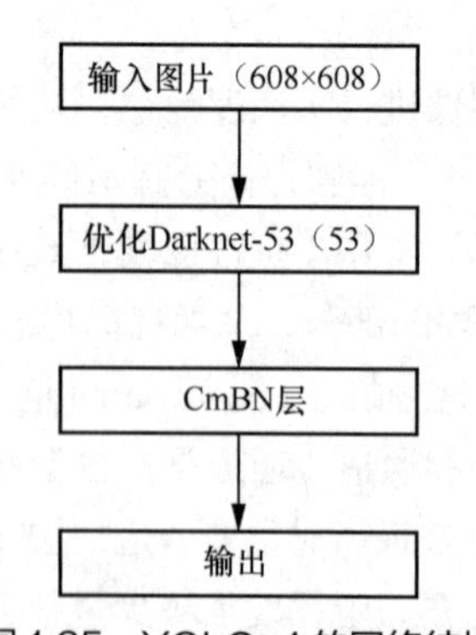

图1.25　YOLOv4 的网络结构

YOLOv4 包括四个部分：输入端、主干网络（Backbone）、颈部网络（Neck）、头部网络（Head，用来预测）。

输入端：YOLOv4 的输入端主要负责对图像进行预处理和归一化处理，并将之送入主干网络进行特征提取。这部分使用了数据增强的方法，如 CutOut 和 Mosaic，从而提高训练样本的多样性和模型的泛化能力。

主干网络：YOLOv4 的主干网络主要由 CSPDarknet-53 和 Scaled-YOLOv4 两部分构成。CSPDarknet-53 的网络结构如图 1.26 所示。

	类型	过滤器	尺寸/Stride	输出
	卷积层	32	3×3	256×256
	卷积层	64	3×3/2	128×128
	CSP连接			
1×	卷积层	32	1×1	
	卷积层	64	3×3	
	Residual			128×128
	卷积层	128	3×3/2	64×64
	CSP连接			
2×	卷积层	64	1×1	
	卷积层	64	3×3	
	Residual			64×64
	卷积层	256	3×3/2	32×32
	CSP连接			
8×	卷积层	128	1×1	
	卷积层	128	3×3	
	Residual			32×32
	卷积层	512	3×3/2	16×16
	CSP连接			
8×	卷积层	256	1×1	
	卷积层	256	3×3	
	Residual			16×16
	卷积层	1024	3×3/2	8×8
	CSP连接			
4×	卷积层	512	1×1	
	卷积层	512	3×3	
	Residual			8×8
	avgpool		全局	
	Connected		1000	
	Softmax			

图 1.26　CSPDarknet-53 的网络结构

CSPDarknet-53 是由 YOLOv3 的 Darknet-53 经过改进后得到的，采用了 CSP（Cross Stage Partial，跨阶段局部）连接技术来提高信息传递效率和特征表达能力，从而提高了目标检测的准确度和泛化能力。

颈部网络：YOLOv4 的颈部网络主要以 SPP 模块作为附加模块，以 PANet（Path Aggregation Net，路径聚合网络）作为特征融合模块。SPP 模块主要处理输入图像中不同尺寸的目标，减少模型受尺度变化的影响。PANet 通过连接多个 FPN 模块，在空间和通道维度上进行信息聚合，实现更全面、更准确的目标检测。

头部网络：YOLOv4 的头部网络主要由多个卷积层和全连接层组成，主要接收颈部网络输出的特征图，并将其转换为最终的输出。

1.5.5 YOLOv5

在 2020 年，格伦·约彻（Glenn Jocher）提出了 YOLOv5。YOLOv5 采用了一些创新性的技术，使其在速度和准确度方面超过了 YOLOv4。

YOLOv5 主要改进了三个部分：网络结构、数据增强和训练策略。

（1）网络结构

YOLOv5 的主干网络和头部网络基本与 YOLOv4 一致，颈部网络由原先的 SPP 换成 SPPF（Spatial Pyramid Pooling with FPN，使用 FPN 的空间金字塔池化）模块。SPPF 在 SPP 基础上添加 FPN 结构来进行特征融合，这种方法能够有效处理输入图像中不同尺度的目标，并且具有较高的计算效率和较低的内存成本，从而提高了 YOLOv5 的检测速度和精度。

（2）数据增强

YOLOv5 在 YOLOv4 的基础上还添加了 Copy-Paste、MixUp 和 Albumentations 等数据增强方法。

① Copy-Paste 是 YOLOv5 中的一项重要技术，该技术可以在不同尺度的特征图之间复制和粘贴信息，以增强特征图的表达能力。这样可以减少网络的计算量和参数，从而提高模型的运行速度和效率。

② MixUp 每次训练时会从训练集中随机选择两个样本，并按照一定比例对它们的图像和标签进行混合。这样可以生成一个新的训练样本，其中图像信息和标签信息都是两个原始样本的加权平均值。通过这种方式，MixUp 可以帮助模型学习到更丰富、更广泛的特征，从而提高其分类和检测能力。

③ Albumentations 是一种图像增强库，YOLOv5 使用该库进行数据增强。该库提供了多种基于图像变换的方法函数，如随机旋转、缩放裁剪、亮度调整等，从而提高模型的泛化能力和检测精度。

这些方法可以提高模型面对复杂场景、遮挡和光照变化时的稳健性。

（3）训练策略

YOLOv5 还在 YOLOv4 的基础上添加了一些训练策略，如混合精度（Mixed Precision）、自适应先验框（Auto Anchor）等训练策略。

① 混合精度训练的主要目的是减少 YOLOv5 对显存的占用，提高训练速度。

② 自适应先验框能够使得先验框的尺寸和宽高比更加适合具体的数据集，从而提高模型的准确率，并减少手动调参的工作量。自适应先验框首先将所有候选框转换为相对于图像大小的比例坐标，并使用 K-means 算法对这些比例坐标进行聚类操作，聚类的结果可以作为先验框的中心点和宽高比的初始值；然后将先验框的大小和宽高比表示为网络参数，并通过反向传播算法来更新这些参数。

这些训练策略可以帮助模型更好地适应不同的数据集和任务。

如表 1.4 所示，YOLOv5 随着模型规模的增大，检测准确度逐步升高，但检测速度逐步减慢，并且对设备的要求越来越高。因此，在使用 YOLOv5 时，需要根据具体场景和需求进行权衡，选择适合的模型规模和输入图像分辨率，以达到检测准确度和速度的平衡。

表1.4 YOLOv5的四个版本

版本	特点
YOLOv5s	模型规模较小，检测速度最快，准确度较低，适用于一些资源受限的设备
YOLOv5m	模型规模中等，检测速度与准确度取得均衡，适用于具有一定算力的设备
YOLOv5l	模型规模较大，准确度较高，检测速度较慢，适用于算力比较强的设备
YOLOv5x	模型规模最大，准确度方面表现最好，检测速度最慢，适用于具有强大的算力的设备

YOLOv5 是目前非常先进的目标检测算法，高效、准确的特点使其在许多领域都有广泛的应用。以下是 YOLOv5 的主要应用场景。

（1）智慧城市

在智慧城市建设中，YOLOv5 可以实现对交通信号灯、行人、车辆等的实时监测，从而提高城市交通管理的效率。此外，YOLOv5 还可以用于城市安防，如街道安全监控、犯罪行为侦查等方面。

（2）自动驾驶

在自动驾驶领域，YOLOv5 可以用于识别道路标志、交通信号灯、行人、车辆等，从而实现自动导航和行驶。此外，YOLOv5 还可以对不同天气和路况下的驾驶环境进行实时监测，提高自动驾驶系统的安全性和可靠性。

（3）工业质检

在工业质检中，YOLOv5 可以对产品的缺陷、形状、大小等进行检测，从而提高生产质量和效率。例如，在电子制造业中，YOLOv5 可以用于检测电路板上的元器件是否正确安装或者焊接是否完好；在食品制造业中，YOLOv5 可以用于检测食品的颜色、形状、大小等是否符合标准。

（4）医学影像分析

在医学影像分析领域，YOLOv5 可以实现对 CT（Computed Tomography，计算机体层成像）、MRI（Magnetic Resonance Imaging，磁共振成像）等医学影像中的病变区域进行自动检测和定位。这对医生来说是非常有帮助的，因为它可以提高诊断速度和准确度，并且避免了人为因素对结果的影响。

（5）无人机与航空领域

在无人机与航空领域，YOLOv5 可以用于目标跟踪、避障、航拍、物资配送等方面。例如，无人机在灾难救援中可以使用 YOLOv5 算法实现对受灾地区的人员和物资进行搜索和定位；在农业领域，YOLOv5 可以用于精准农业，如对农田作物、果园果树进行识别和管理。

1.6 本章小结

本章先介绍人工智能的定义和历史，而后通过介绍 R-CNN 系列算法、残差网络、YOLO 等经典算法带领读者进入计算机视觉世界。对不同算法，本章详细介绍其基础理论与核心，并讲解部分算法的应用，让读者可以更好地理解与接受，激起读者后续学习的热情。

1.7 习题

1. 如何理解人工智能？
2. R-CNN 算法的主要步骤是什么？
3. ResNet 的经典结构有哪些？
4. 总结归纳 YOLOv1～YOLOv5 的特点与优化之处。

第 2 章 Python 基础

Python 简单易用，是人工智能领域使用最广泛的编程语言之一，它可以无缝对接数据结构和其他常用的 AI 算法。因此在学习人工智能的相关知识之后，需要学习 Python 基础。首先，本章将介绍 Python 的发展历程，然后，本章将介绍基于云端的 Python 和 PyCharm 的安装流程，帮助初学者快速上手，最后，本章将介绍 Python 的基本语法，让读者能够编写一些简单的入门代码。

本章学习目标：

（1）掌握 Python 的基本概念；

（2）熟悉 Python 的开发环境，掌握 PyCharm 的使用方法；

（3）掌握 Python 的基本语法，能够编写简单的入门代码。

2.1 Python 概述

Python 是一种流行的高级编程语言，由吉多 · 范罗苏姆（Guido van Rossum）于 1991 年首次发布。Python 被设计成易于阅读和编写，其简单清晰的语法强调了代码的可读性。它经常被用作脚本语言，但也可以用来建立独立的应用程序。

Python 的开发始于 1989 年 12 月，当时吉多 · 范罗苏姆在荷兰国家数学和计算机科学研究中心工作，他正在寻找一个新的项目，并决定创造一种新的编程语言，使其易于使用，并强调代码的可读性。他将这种新语言命名为“Python”，以向英国喜剧团体 Monty Python（巨蟒剧团）致敬。

Python 的最初版本是 Python 0.9.0，于 1991 年 2 月发布，支持基本数据类型、控制结构和基本模块系统。在接下来的几年里，Python 的几个新版本陆续发布，每个版本都增加了新的功能并进行了改进。

1994 年，Python 1.0 发布，带来了许多新功能，如标准库、改进的内存管理和对面向对象编程的支持。这个版本的 Python 被广泛采用，因简单和强大而在开发者中流行。

2000 年，Python 2.0 发布了，它包括许多新的特性，如对 Unicode 的支持、改进的内存管理，以及对面向对象编程的增强支持。这个版本的 Python 至今仍被广泛使用。

2008 年，Python 3.0 发布，这是该语言的一次重大更新，引入了许多新特性。Python 3.0 最重要的变化之一是引入了新的字符串表示法，改善了对 Unicode 的支持。这个版本的 Python 还改进了对函数式编程的支持和对并发的支持。

在接下来的几年里，许多新的 Python 版本陆续发布，每个版本都增加了新的功能。今天，Python 有一个庞大而活跃的开发者和用户社区，它被广泛用于网络开发、数据科学和机器学习等领域。Python 还得到了大量库和框架的支持，这使得用 Python 开发应用程序和执行复杂任务变得容易。

近年来，Python 的受欢迎程度显著提高，现在它是世界上使用最广泛的编程语言之一。根据 TIOBE 编程社区 2023 年 10 月的调查结果，Python 是世界上最受欢迎的编程语言，也是人工智能、数据科学和机器学习方面最受欢迎的编程语言。

总之，Python 是一种强大的编程语言，是一种被广泛使用的解释型、高级和通用的编程语言。Python 支持多种编程范型，包括函数式、指令式、反射式、结构化和面向对象编程。它拥有动态类型系统和垃圾回收功能，能够自动管理内存使用，并且其本身拥有一个巨大而广泛的标准库。它的语言结构和面向对象的方法旨在帮助程序员为小型或大型的项目编写清晰的、合乎逻辑的代码。

Python 的设计哲学强调代码的可读性和简洁的语法，其一大特点是使用空格缩进划分代码块。相比于 C 或 Java，Python 让开发者能够用更少的代码表达想法。

2.2　开发环境的安装

Python 是最适合人工智能开发的编程语言，除了一般原因，还因为 Python 使原型设计变得更加快捷，同时具有更加稳定的架构。而 PyCharm 是一个流行的 Python 代码编辑器，用于编写、调试和运行 Python 代码。因此，Python 和 PyCharm 之间是相辅相成的关系。本节将介绍 Python 和 PyCharm 的下载与安装。

2.2.1　Python 的下载与安装

登录 Python 官网，可以看到页面如图 2.1 所示。

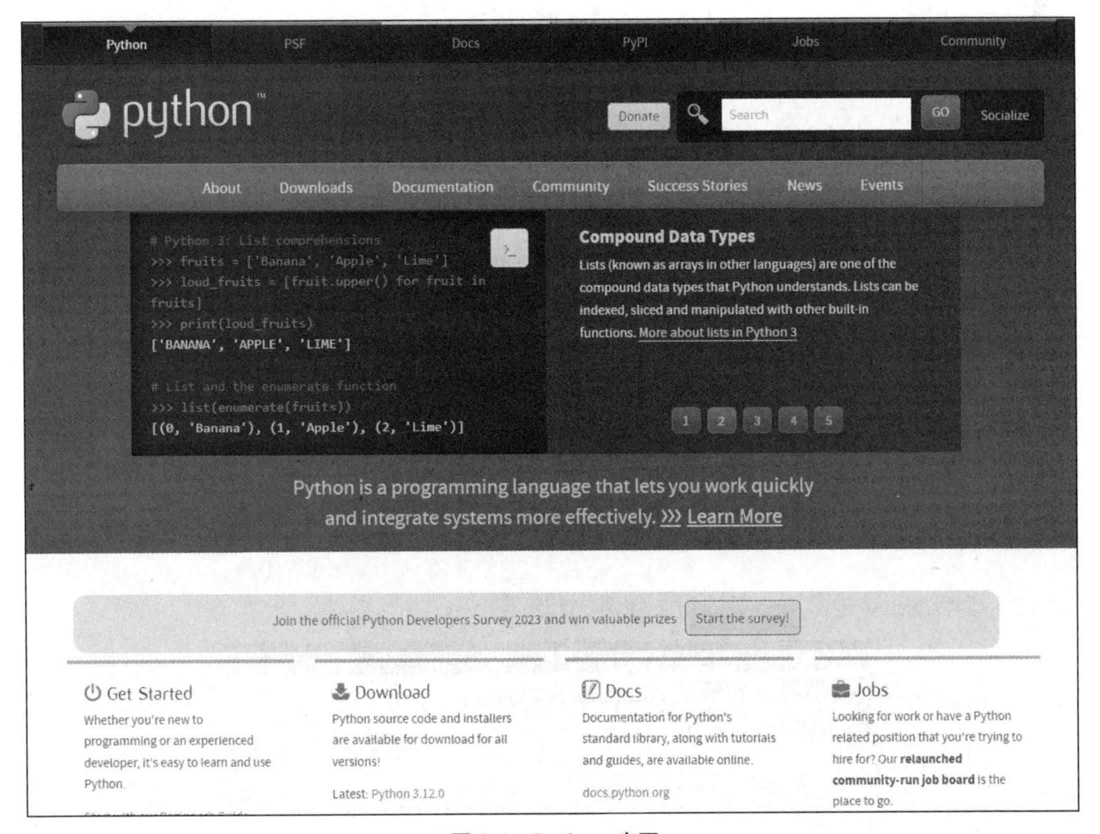

图 2.1　Python 官网

单击页面上的“Downloads”按钮，进入下载页面。下载页面如图 2.2 所示。

单击页面上的“Download Python 3.12.0”按钮，开始下载最近版本的 Python。下载成功后双击该文件开始安装，其安装步骤如下。

（1）双击该文件后，屏幕会弹出安装界面，如图 2.3 所示，注意勾选“Add Python.exe to PATH”复选框，之后单击“Customize installation”按钮。

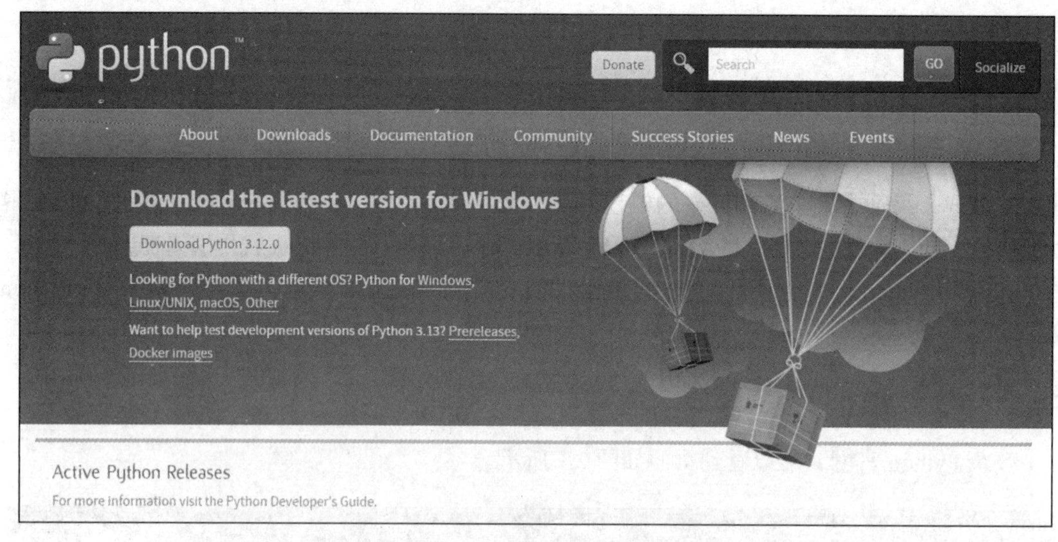

图 2.2　Python 下载页面

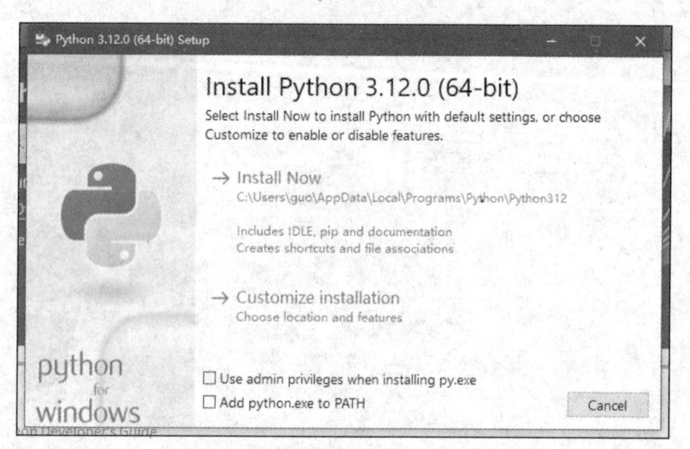

图 2.3　Python 安装步骤 1

（2）然后直接单击“Next”按钮，如图 2.4 所示。

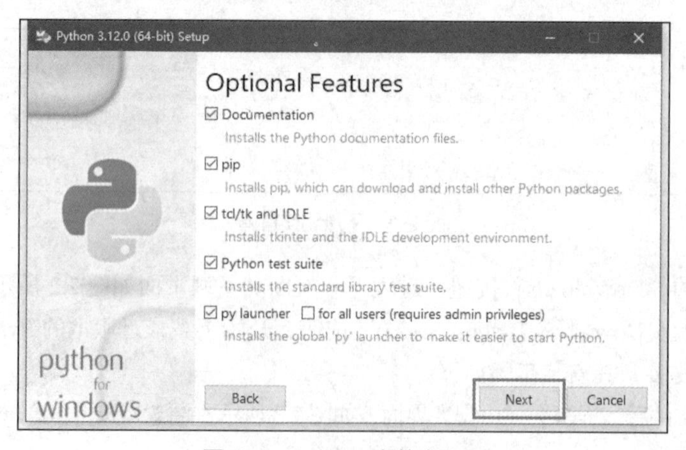

图 2.4　Python 安装步骤 2

（3）如图 2.5 所示，在 Advanced Options 界面中，单击“Browse”按钮，将安装路径改为“C:\Users”，如图 2.6 所示。修改完成之后单击“Install”按钮。

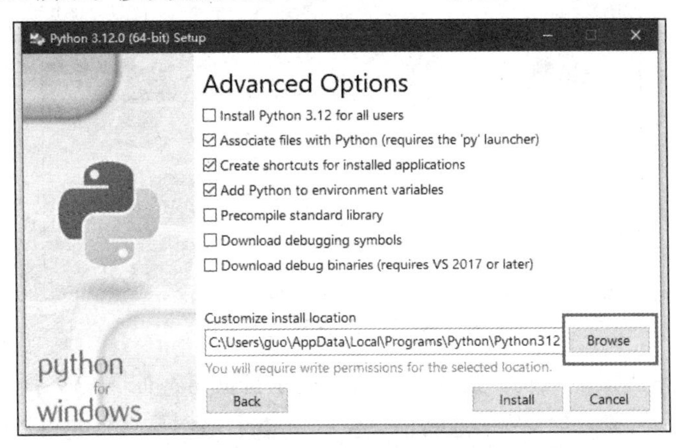

图 2.5　Python 安装步骤 3

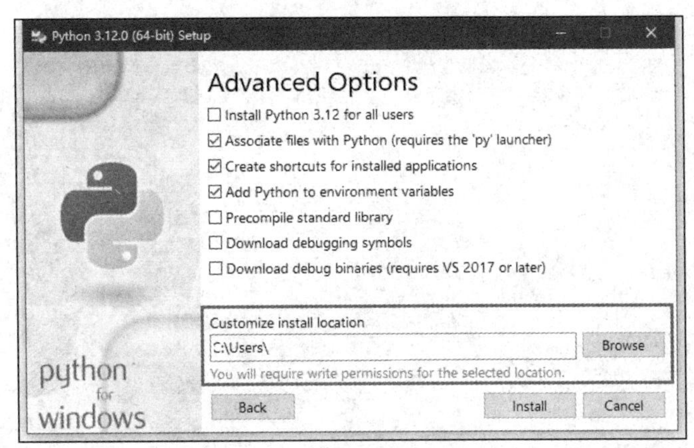

图 2.6　Python 安装步骤 4

（4）等待安装，安装界面如图 2.7 所示。安装完成后单击“Disable path length limit”按钮，最后单击“Close”按钮完成安装，如图 2.8 所示。

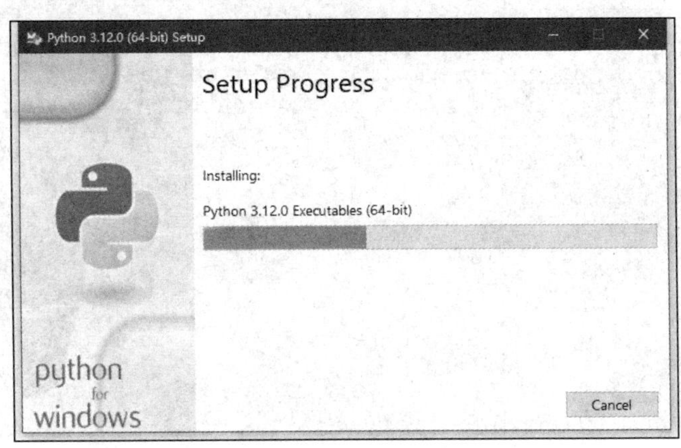

图 2.7　Python 安装步骤 5

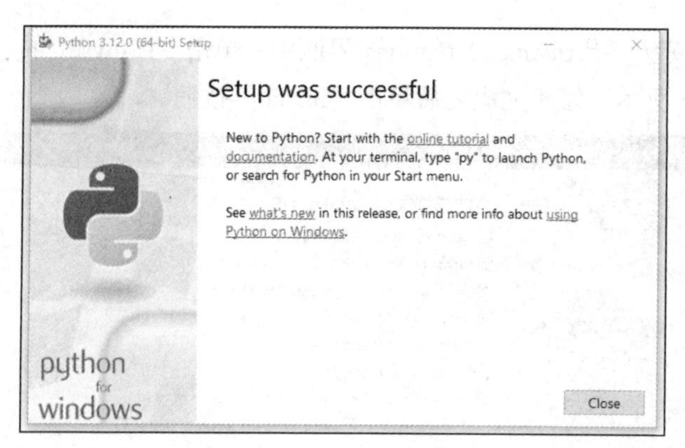

图 2.8　Python 安装步骤 6

（5）为了验证是否安装成功，需要进入命令提示符窗口，如图 2.9 所示。在命令行输入“python”，按“Enter”键，若其安装成功就会显示 Python 版本信息，如图 2.10 所示。

图 2.9　进入命令提示符窗口

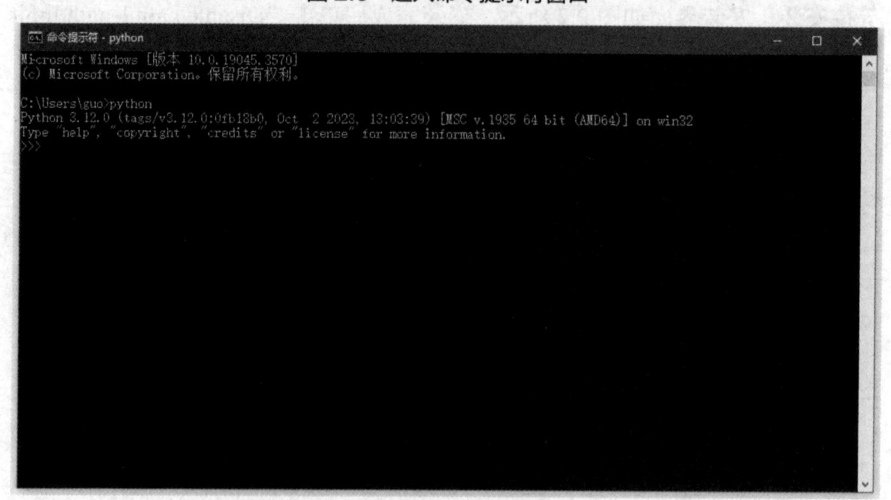

图 2.10　测试 Python 是否安装成功

2.2.2　PyCharm 的下载与安装

登录 PyCharm 官网，可以看到页面如图 2.11 所示。

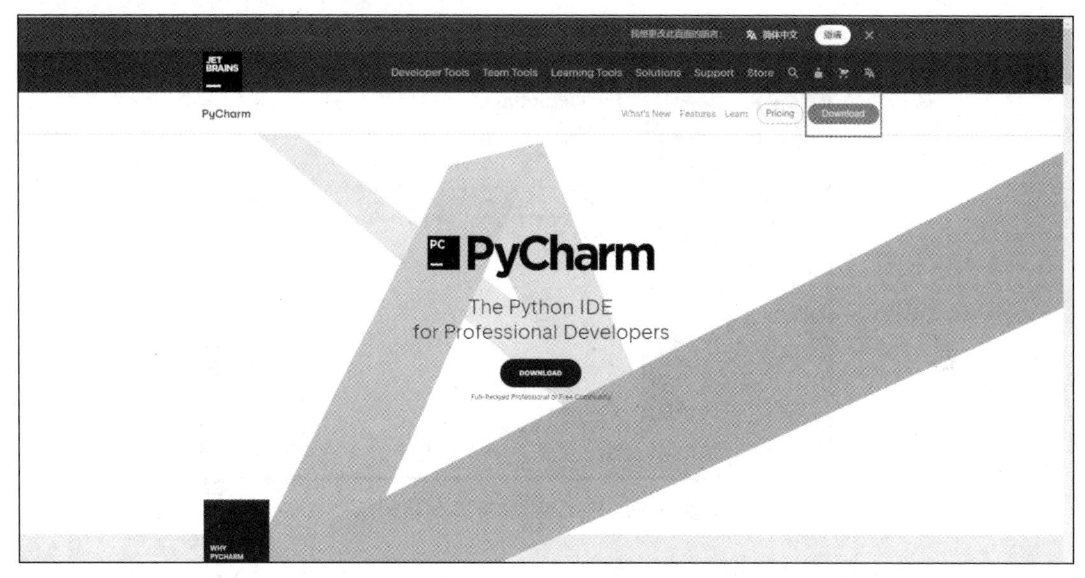

图 2.11　PyCharm 官网

单击页面中绿色的“Download”按钮进入下载页面。下载页面如图 2.12 所示。

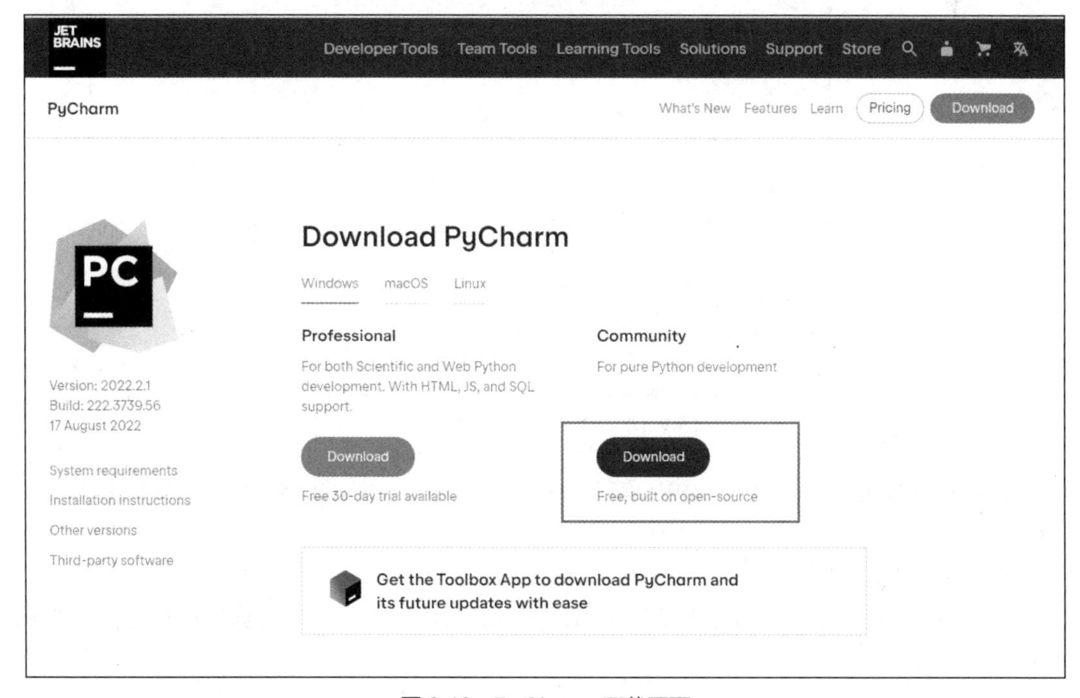

图 2.12　PyCharm 下载页面

进入下载页面后单击底色为黑色的“Download”按钮下载免费版本的 PyCharm。打开下载好的“pycharm-community-2022.2.1.exe”文件，开始安装。其安装步骤如下。

（1）双击该文件，屏幕会弹出安装界面，直接单击“Next”按钮，如图 2.13 所示。

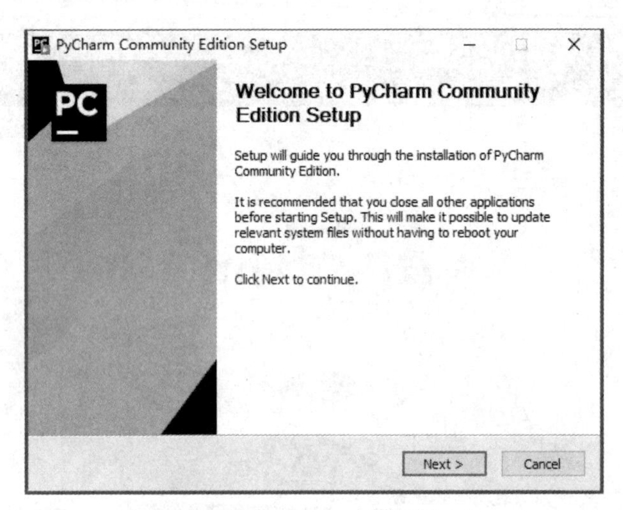

图 2.13　PyCharm 安装步骤 1

（2）单击“Browse”按钮选择安装路径，如图 2.14 所示，然后单击“Next”按钮。

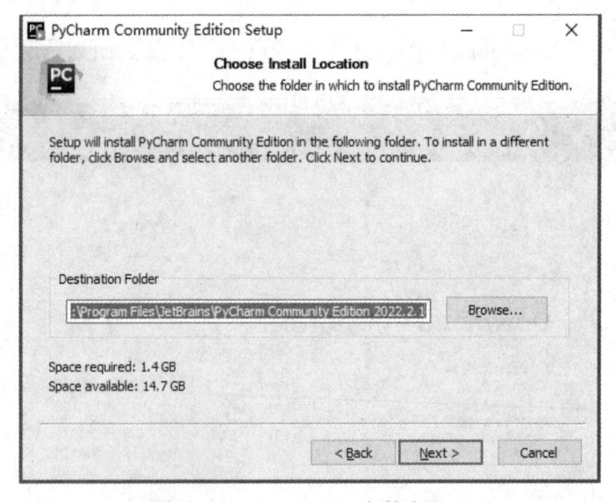

图 2.14　PyCharm 安装步骤 2

（3）在 Installation Options 界面中，勾选左侧 3 个复选框，如图 2.15 所示，然后单击“Next”按钮。

（4）继续安装，单击“Install”按钮，如图 2.16 所示。

（5）等待安装，安装界面如图 2.17 所示。完成安装后，单击“Finish”按钮，如图 2.18 所示。

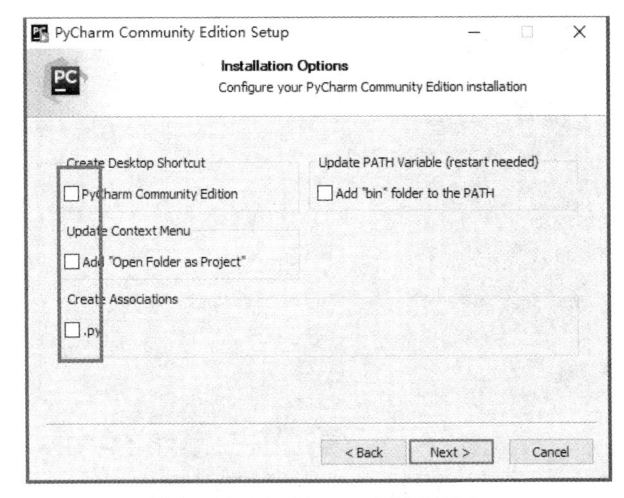

图 2.15　PyCharm 安装步骤 3

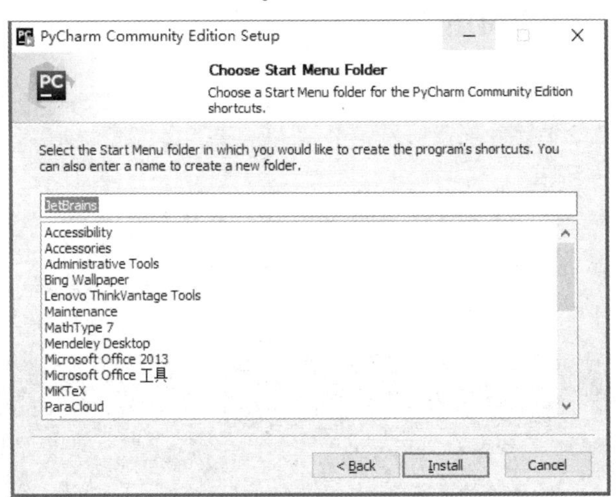

图 2.16　PyCharm 安装步骤 4

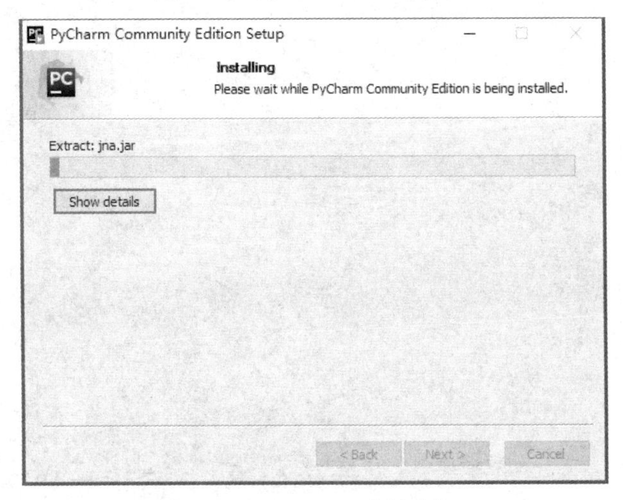

图 2.17　PyCharm 安装步骤 5

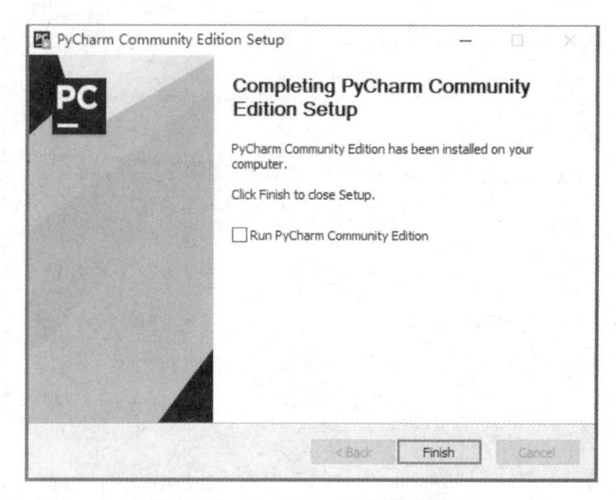

图 2.18　PyCharm 安装步骤 6

2.2.3　第一次使用 PyCharm

在第一次启动时，PyCharm 会首先提示用户是否导入配置信息。选择不导入配置信息，单击“OK”按钮，如图 2.19 所示。

基础配置工作结束之后，进入欢迎界面，单击“New Project”按钮可以新建项目，如图 2.20 所示。

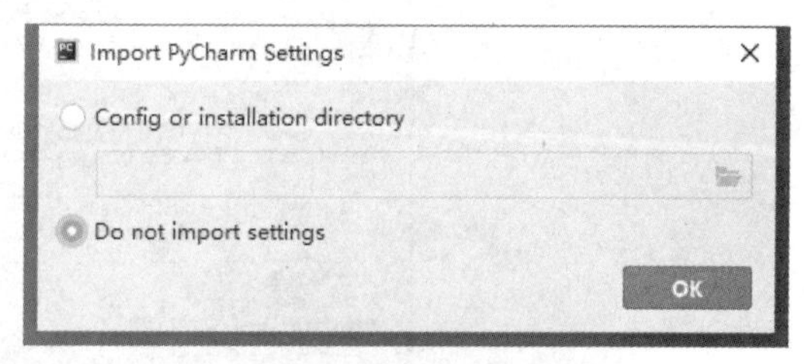

图 2.19　选择不导入配置信息

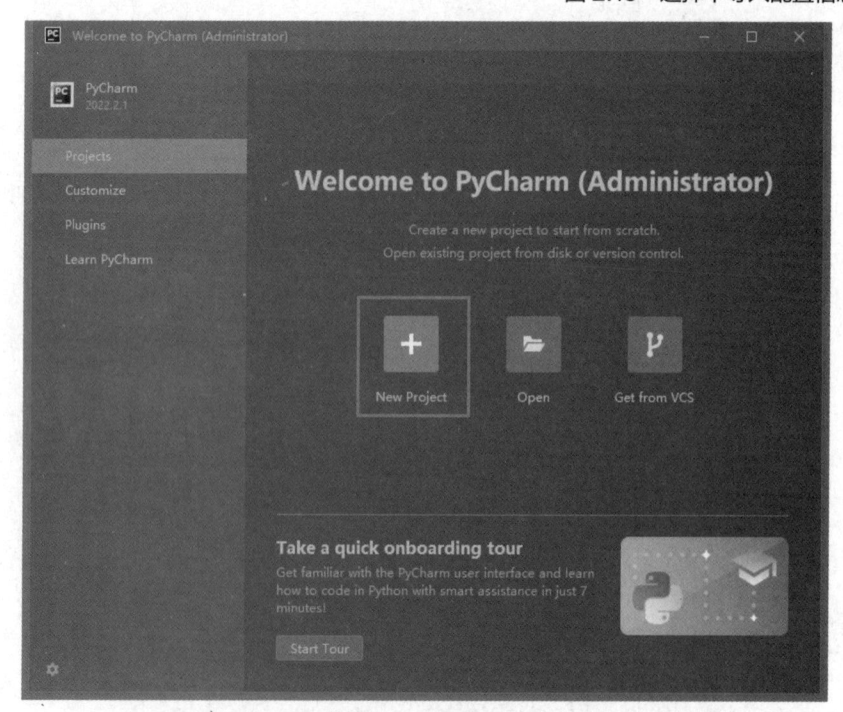

图 2.20　单击“New Project”按钮

注意不要勾选方框所示的复选框，如图 2.21 所示。单击“Create”按钮，创建一个项目，然后通过右键快捷菜单“New”/“Python File”在项目里创建文件，如图 2.22 所示。

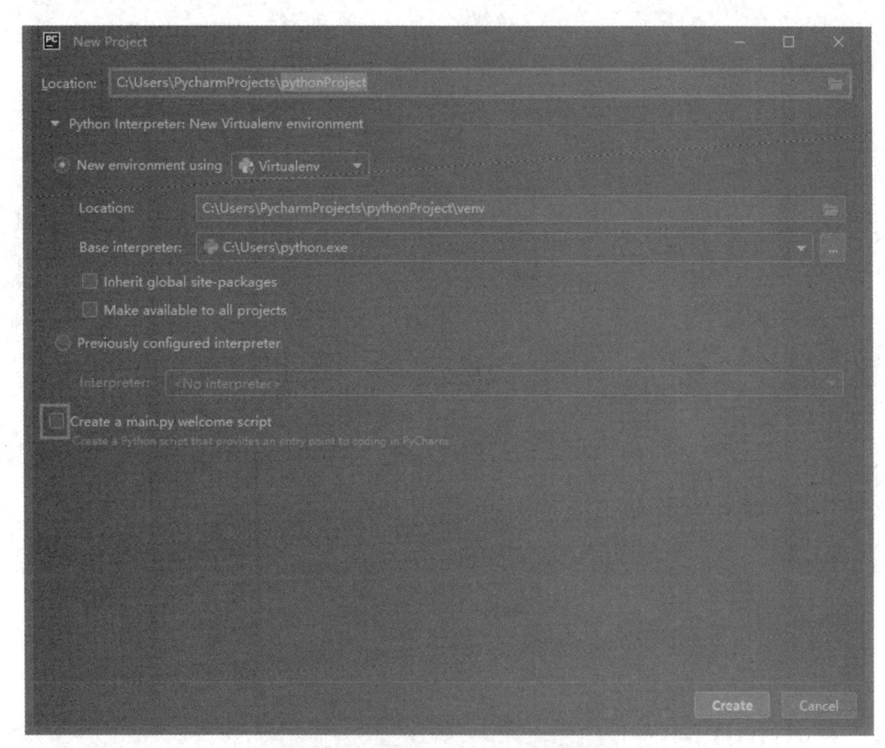

图 2.21　不要勾选方框所示的复选框

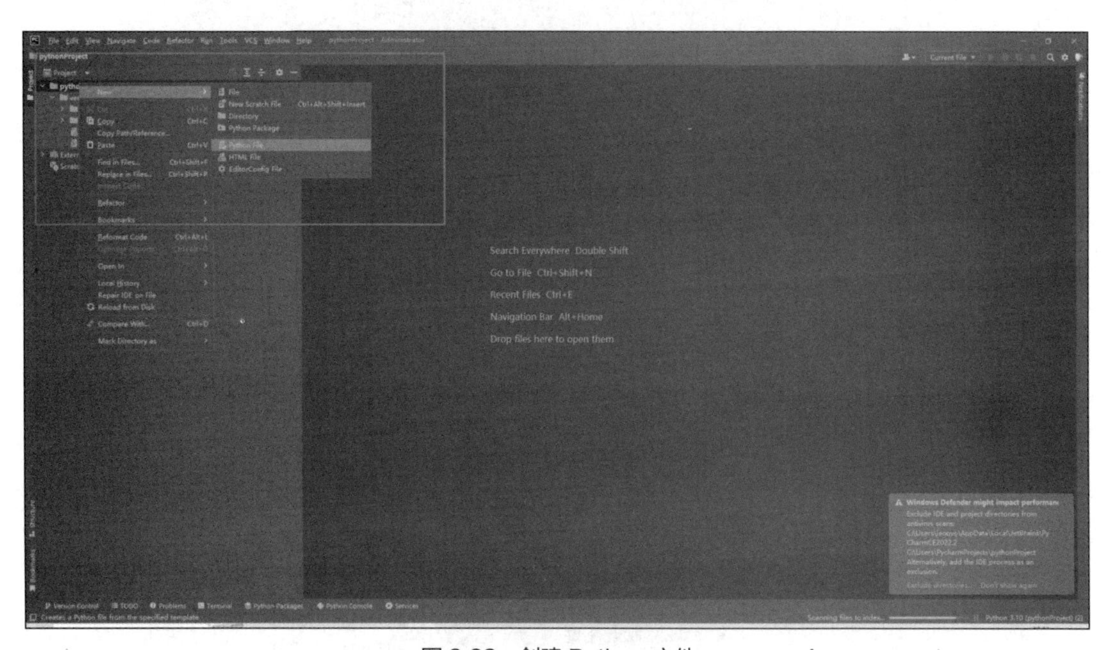

图 2.22　创建 Python 文件

最后，文件创建完成，就可以在文件里面编写程序了，如图 2.23 所示。

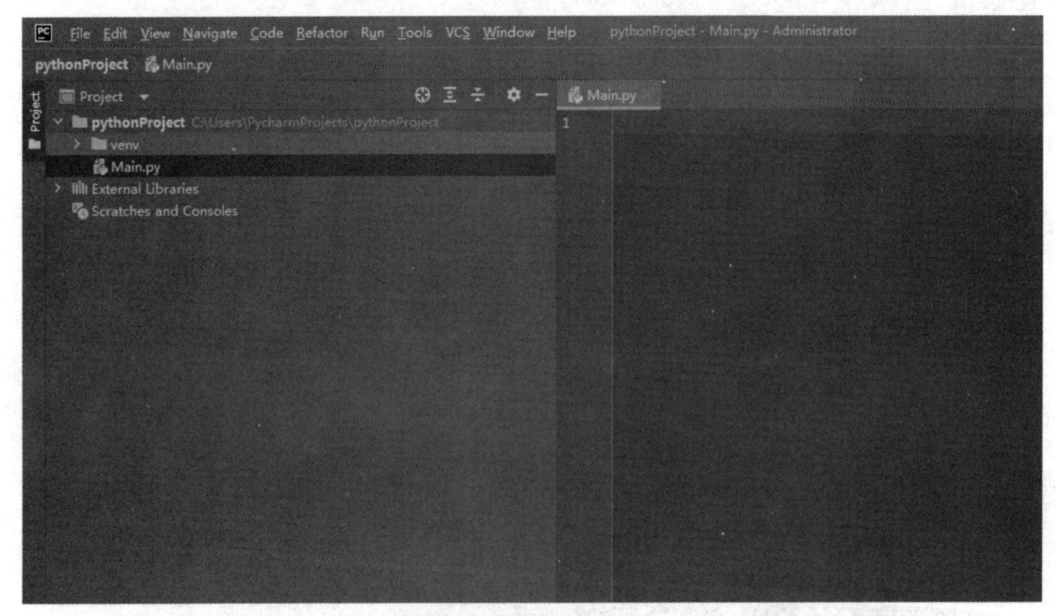

图 2.23　文件创建完成

2.3　Python 语法

Python 语言利用缩进表示代码块的开始和结束（越位规则），而非使用大括号或者某种关键字。增加缩进表示代码块的开始，而减少缩进则表示代码块的结束。PEP 8（Python 增强建议书 8 号）规定，使用 4 个空格来表示每级缩进。

使用制表符或其他数目的空格缩进虽然也可以被解释器识别，但不符合编码规范，偏爱使用 Tab 键的程序员可以通过文本编辑器将 Tab 键设置为 4 个空格。缩进已成为 Python 语法的一部分，并且 Python 开发者有意让违反“缩进规则”的程序不能被解释。

2.3.1　Python 的保留字

保留字又称关键字，不可用于普通标识符。关键字的拼写必须与表 2.1 列出的完全一致。目前 Python 有 35 个保留字，如表 2.1 所示。

表 2.1　Python 保留字

序号	保留字	说明
1	and	逻辑与操作，用于表达式运算
2	as	用于转换数据类型
3	assert	用于判断变量或条件表达式的结果

续表

序号	保留字	说明
4	async	用于启用异步操作
5	await	用于异步操作中等待协程返回
6	break	中断循环语句的执行
7	class	定义类
8	continue	继续执行下一次循环
9	def	定义函数或方法
10	del	删除变量或序列的值
11	elif	条件语句，与 if、else 结合使用
12	else	条件语句，与 if、else 结合使用；也可用于异常或循环语句
13	except	包含捕获异常后的处理代码块，与 try、finally 结合使用
14	FALSE	含义为“假”的逻辑值
15	finally	包含捕获异常后的始终要调用的代码块，与 try、except 结合使用
16	for	循环语句
17	from	用于导入模块，与 import 结合使用
18	global	用于在函数或其他局部作用域中使用全局变量
19	if	条件语句，与 elif、else 结合使用
20	import	导入模块，与 from 结合使用
21	in	判断变量是否在序列中
22	is	判断变量是否为某个类的实例
23	lambda	定义匿名函数
24	None	表示一个空对象或一个特殊的空值
25	nonlocal	用于在函数或其他作用域中使用外层（非全局）变量
26	not	逻辑非操作，用于表达式运算
27	or	逻辑或操作，用于表达式运算
28	pass	空的类、方法或函数的占位符
29	raise	用于抛出异常
30	return	从函数返回计算结果
31	TRUE	含义为“真”的逻辑值
32	try	测试执行可能出现异常的代码，与 except、finally 结合使用
33	while	循环语句
34	with	简化 Python 的语句
35	yield	从函数依次返回值

2.3.2 输出“hello world”

代码示例 2-1：输出“hello world”。

本代码的作用是使程序输出引号内的字符。

```
print('hello world')
```

输出结果如图 2.24 所示。

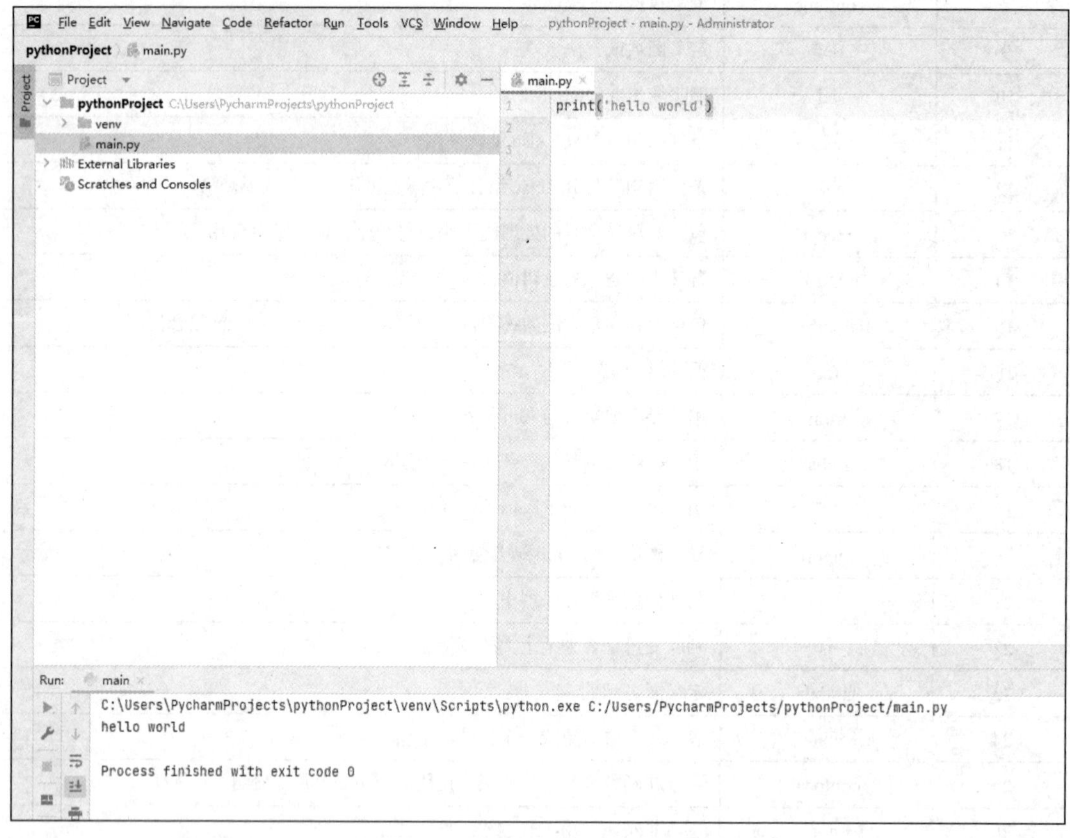

图 2.24 代码示例 2-1 输出结果

2.3.3 使用 if()判断

代码示例 2-2：使用 if()判断。

本代码的作用是控制语句输出。在代码示例 2-2 中，若括号内的内容为真，则执行后续输出语句；若括号内的内容为假，则不执行后续输出语句。

```
if (3<5):
   print('3 is smaller than 5')
```

输出结果如图 2.25 所示。

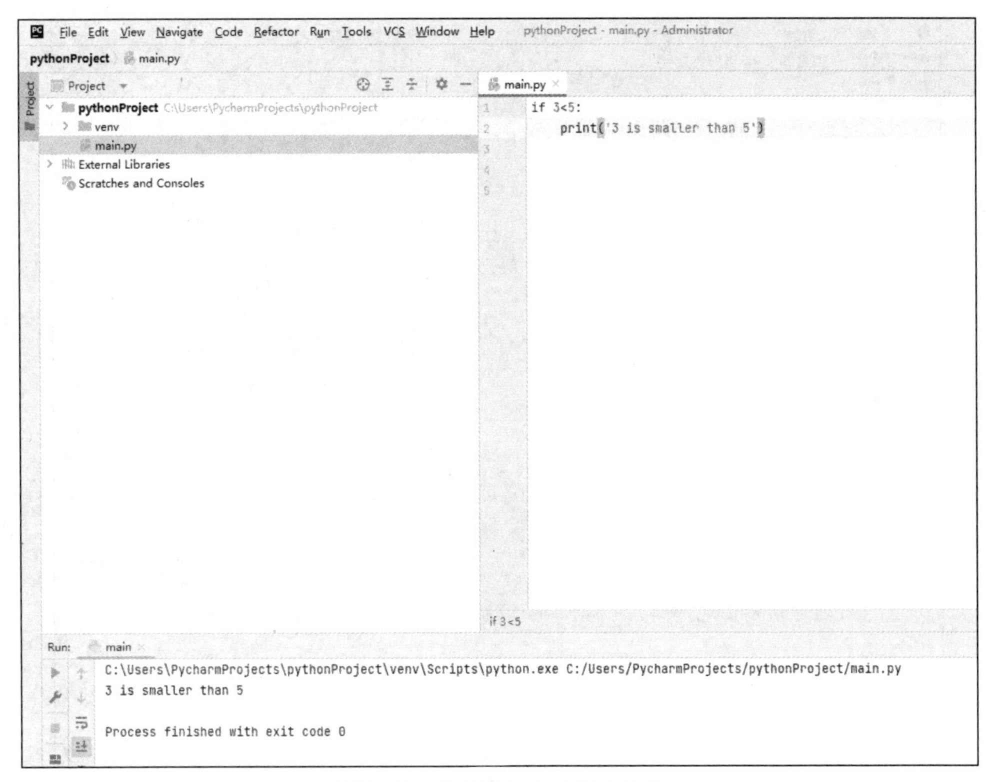

图 2.25　代码示例 2-2 输出结果

2.3.4　使用 for()循环

代码示例 2-3：使用 for()循环。

本代码的作用是控制语句输出。运行逻辑为若变量 ii 小于 range()中的数字，则执行后续输入，每次执行后 ii 增加 1；若变量 ii 大于或者等于 range()中的数字，则停止运行。

```
for ii in range(3):
    print(ii)
```

输出结果如图 2.26 所示。

2.3.5　使用 while()循环

代码示例 2-4：使用 while()循环。

本代码的作用是控制语句输出。运行逻辑为若 while 后的条件为真，则执行后续语句；若 while 后的判断为否，则停止运行。

```
ii=1
while ii <5:
    print(ii)
    ii=ii+1
```

输出结果如图 2.27 所示。

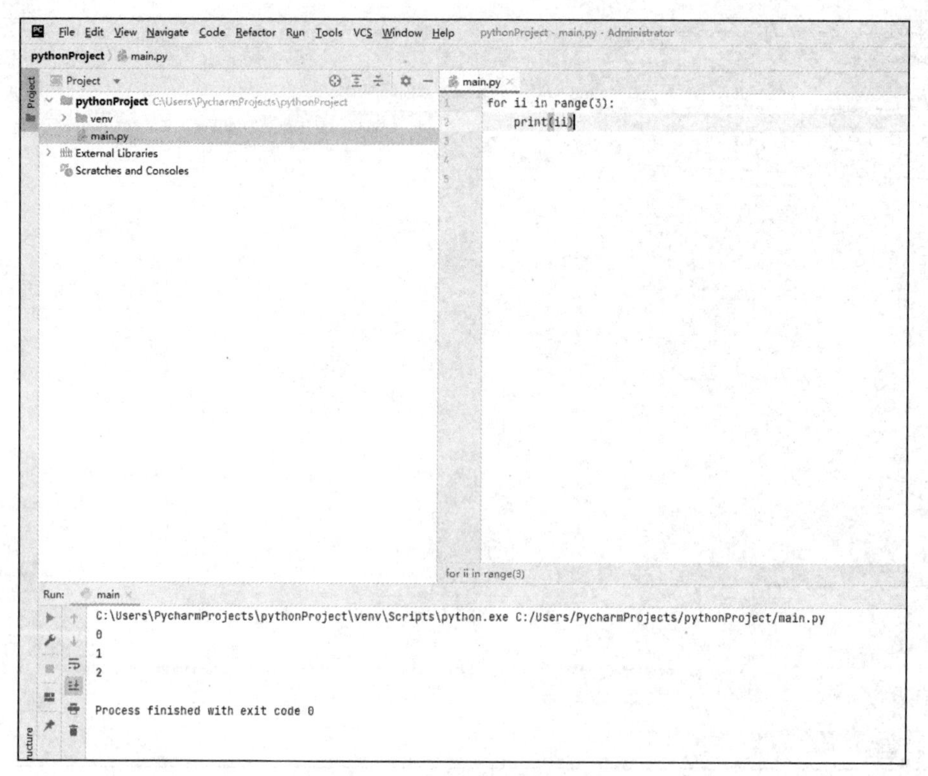

图 2.26　代码示例 2-3 输出结果

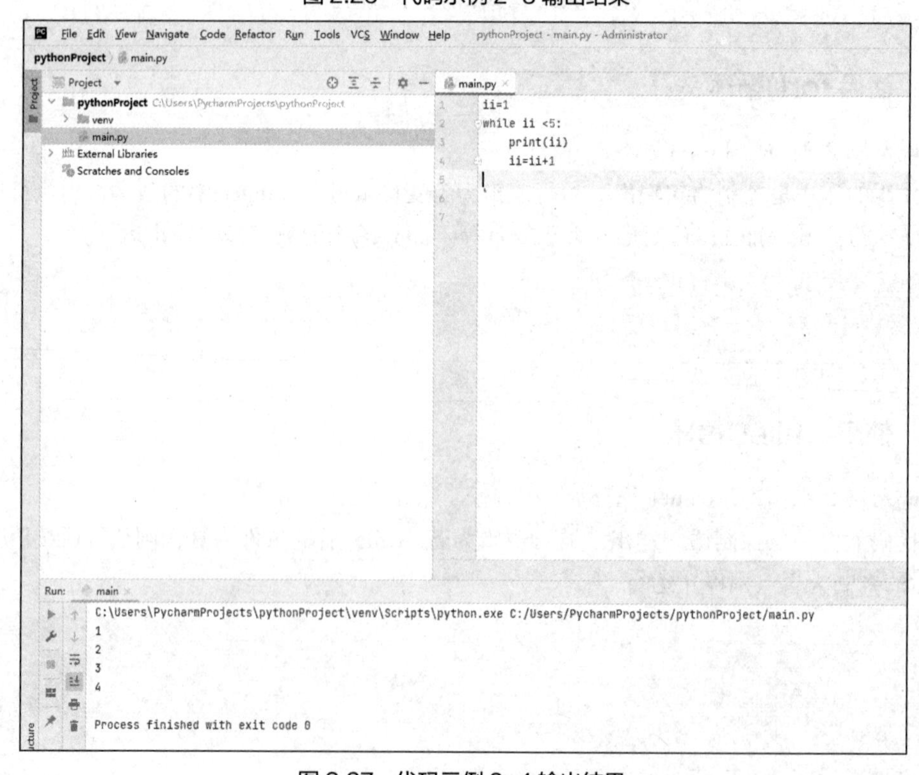

图 2.27　代码示例 2-4 输出结果

2.3.6 Python 数字

Python 支持 4 种不同的数值类型。

（1）整型（int）：通常被称为整数，是正整数或负整数，不带小数点。

（2）长整型（long）：无限大小的整数，最后一位是一个大写字母 L 或小写字母 l。

（3）浮点型（float）：由整数部分与小数部分组成，通常被称为浮点数。浮点型也可以使用科学记数法表示（例如，$2.5e2 = 2.5 \times 10^2 = 250$）。

（4）复数（complex）：由实数部分和虚数部分构成，可以用 a + bj 或者 complex(a,b)表示，复数的实部 a 和虚部 b 都是浮点数。

Python 数值类型举例如表 2.2 所示。

表 2.2 Python 数值类型举例

int	long	float	complex
10	51924361L	0	3.14j
100	-0x19323L	15.2	45.j
-786	0122L	-21.9	9.322e-36j
80	0xDEFABCECBDAECBFBAEl	32.3+e18	.876j
-490	535633629843L	-90	-.6545+0J
-0x260	-052318172735L	-3.25E+101	3e+26J
0x69	-4721885298529L	70.2-E12	4.53e-7j

在编程中，我们经常需要对数据类型进行转换，Python 提供了一些可以把某个值从一种数据类型转换成为另一种数据类型的内置函数和方法。Python 常见数据类型转换函数如表 2.3 所示。

表 2.3 Python 常见数据类型转换函数

函数	描述
int(x [,base])	将 x 转换为一个整数
long(x [,base])	将 x 转换为一个长整数
float(x)	将 x 转换为一个浮点数
complex(real [,imag])	创建一个复数
str(x)	将对象 x 转换为字符串
repr(x)	将对象 x 转换为表达式字符串
eval(str)	用来计算在字符串中的有效 Python 表达式，并返回一个对象
tuple(s)	将序列 s 转换为一个元组
list(s)	将序列 s 转换为一个列表
chr(x)	将一个整数转换为一个字符
unichr(x)	将一个整数转换为 Unicode 字符
ord(x)	将一个字符转换为它的整数值
hex(x)	将一个整数转换为一个十六进制字符串
oct(x)	将一个整数转换为一个八进制字符串

Python 具有一组内置的数学函数，包括一个扩展的数学模块，可以对数字执行数学任务。Python 的 math 模块中定义了一些数学函数。由于这个模块属于编译系统自带模块，因此它可以被无条件调用。Python 常见数学函数如表 2.4 所示。

表 2.4　Python 常见数学函数

函数	返回值（描述）
abs(x)	返回数字的绝对值，如 abs(-10)返回 10
ceil(x)	返回数字的上入整数，如 math.ceil(4.1)返回 5
cmp(x, y)	如果 x < y 则返回−1，如果 x == y 则返回 0，如果 x > y 则返回 1
exp(x)	返回 e 的 x 次幂，如 math.exp(1)返回 2.718281828459045
fabs(x)	返回数字的绝对值，如 math.fabs(-10)返回 10.0
floor(x)	返回数字的下舍整数，如 math.floor(4.9)返回 4
log(x)	返回 x 的自然对数（底为 e），如 math.log(1)返回 0.0
log10(x)	返回以 10 为基数的 x 的对数，如 math.log10(100)返回 2.0
max(x1, x2,...)	返回给定参数的最大值，参数可以为序列
min(x1, x2,...)	返回给定参数的最小值，参数可以为序列
modf(x)	返回 x 的整数部分与小数部分，两部分的数值符号与 x 相同，整数部分以浮点型表示
pow(x, y)	x**y 运算后的值
round(x [,n])	返回浮点数 x 的四舍五入值，如给出 n 值，则代表舍入到小数点后的位数
sqrt(x)	返回数字 x 的平方根

Python 随机数函数是一种非常强大的函数，可以帮助用户在编程过程中生成随机数。它可以用来生成随机数字、随机字符串，以及各种其他类型的随机值。

Python 提供了几种不同类型的随机数函数，它们可以帮助用户以不同的方式生成随机值。Python 随机数函数如表 2.5 所示。

表 2.5　Python 随机数函数

函数	描述
choice(seq)	从序列的元素中随机挑选一个元素，如 random.choice(range(10))是从 0 到 9 中随机挑选一个整数
randrange ([start,] stop [,step])	从指定范围、按指定基数递增的集合中获取一个随机数，基数默认值为 1
random()	随机生成一个实数，在[0,1)范围内
seed([x])	改变随机数生成器的种子 seed。如果不了解其原理，不必特别去设定 seed，Python 自动选择 seed
shuffle(lst)	将序列的所有元素随机排序
uniform(x, y)	随机生成一个实数，在[x,y]范围内

在数学和科学领域中，三角函数是非常重要的概念。Python 作为一种广泛使用的编程语言，也提供了功能强大的三角函数库，可以帮助我们处理各种数学问题。Python 常用三角函数如表 2.6 所示。

表 2.6　Python 常用三角函数

函数	描述
acos(x)	返回 x 的反余弦弧度值
asin(x)	返回 x 的反正弦弧度值
atan(x)	返回 x 的反正切弧度值
atan2(y, x)	返回给定的 x 及 y 坐标值的反正切值
cos(x)	返回 x 弧度的余弦值
hypot(x, y)	返回欧几里得范数 sqrt(x*x + y*y)
sin(x)	返回 x 弧度的正弦值
tan(x)	返回 x 弧度的正切值
degrees(x)	将弧度转换为角度，如 degrees(math.pi/2)返回 90.0
radians(x)	将角度转换为弧度

2.3.7　Python 字符串

字符串是 Python 中最常用的数据类型。我们可以使用单引号或双引号来创建字符串。创建字符串很简单，只要为变量分配一个值即可。

代码示例 2-5：创建字符串。

```
var1 = 'Hello World!'
var2 = "Python Runoob"
```

Python 不支持单字符类型，单字符在 Python 中也是作为一个字符串使用的。Python 访问子字符串时可以使用方括号来截取字符串。

代码示例 2-6：截取字符串。方括号中的数字代表字符串的第几位。注意：Python 中的字符串索引从 0 开始。

```
var1 = 'Hello World!'
var2 = "Welcome"

print("var1[0]: ", var1[0])
print("var2[1:5]: ", var2[1:5])
```

输出结果：

```
   var1[0]:  H
var2[1:5]:  elco
```

转义字符：在需要在字符串中使用特殊字符时，Python 用反斜杠“\”对字符进行转义。Python 常见转义字符如表 2.7 所示。

表 2.7　Python 常见转义字符

转义字符	描述
\(在行尾时)	续行符
\\	反斜杠
\'	单引号

续表

转义字符	描述
\"	双引号
\a	蜂鸣器响铃
\b	退格（Backspace）
\000	空字符
\n	换行符
\v	纵向制表符
\t	横向制表符
\r	回车符
\f	换页符
\oyy	八进制数，y 代表 0～7 的字符，例如：\o12 代表换行
\xyy	十六进制数，以\x 开头，yy 代表字符，例如：\x0a 代表换行
\other	其他字符以普通格式输出

运算符是 Python 中执行算术或逻辑计算的特殊符号。运算符所操作的值称为操作数。运算符可以对一个值或多个值进行运算或各种操作。Python 常见运算符如表 2.8 所示。

表 2.8　Python 常见运算符

运算符	描述	实例
+	字符串连接	>>>a + b 'HelloPython'
*	重复输出字符串	>>>a * 2 'HelloHello'
[]	通过索引获取字符串中字符	>>>a[1] 'e'
[:]	截取字符串中的一部分	>>>a[1:4] 'ell'
in	成员运算符，如果字符串包含给定的字符则返回 True	>>>"H" in a True
not in	成员运算符，如果字符串不包含给定的字符则返回 True	>>>"M" not in a True
r 或 R	原始字符串，即所有字符都直接按照字面的意思来使用，没有转义、特殊或不能输出的字符。原始字符串除在字符串的第一个引号前加上字母 r（可以大小写）以外，与普通字符串有着几乎完全相同的语法	>>>print r'\n' \n >>> print R'\n' \n

“%”的主要作用是将数据以指定的格式输出。Python 常见字符串格式化符号如表 2.9 所示。

表 2.9　Python 常见字符串格式化符号

符号	描述
%c	格式化字符及其 ASCII
%s	格式化字符串
%d	格式化整数
%u	格式化无符号整数
%o	格式化无符号八进制数
%x	格式化无符号十六进制数

续表

符号	描述
%X	格式化无符号十六进制数（大写）
%f	格式化浮点数，可指定小数点后的位数（精度）
%e	用科学记数法格式化浮点数
%E	作用同%e，用科学记数法格式化浮点数
%g	%f 和%e 的简写
%G	%F 和%E 的简写
%p	用十六进制数格式化变量的地址

在实际应用中，经常会出现需要格式化输出字符串的情况。Python 常见格式化操作辅助指令如表 2.10 所示。

表 2.10　Python 常见格式化操作辅助指令

符号	功能
*	定义宽度或者小数精度
–	左对齐
+	在正数前面显示加号(+)
<sp>	在正数前面显示空格
#	在八进制数前面显示零（'0'），在十六进制数前面显示'0x'或者'0X'（取决于用的是'x'还是'X'）
0	在显示的数字前面填充 0 而不是默认的空格
%	'%%'输出一个%
(var)	映射变量（字典参数）
m.n.	m 是显示的最小总宽度，n 是小数点后的位数（如果可用的话）

为了处理字符串，Python 提供了很多内建函数，这里将介绍一些 Python 常见字符串内建函数，如表 2.11 所示。

表 2.11　Python 常见字符串内建函数

函数	描述
string.capitalize()	把字符串的第一个字符大写
string.center(width)	返回一个原字符串居中，并使用空格填充至长度 width 的新字符串
string.count(str, beg=0, end=len(string))	返回 str 在 string 里面出现的次数，如果 beg 或者 end 有所指定则返回指定范围内 str 出现的次数
string.decode(encoding='UTF-8', errors='strict')	以 encoding 指定的编码格式解码 string，如果出错则默认报一个 ValueError 异常，除非 errors 指定的是'ignore'或者'replace'
string.encode(encoding='UTF-8', errors='strict')	以 encoding 指定的编码格式编码 string，如果出错则默认报一个 ValueError 异常，除非 errors 指定的是'ignore'或者'replace'
string.endswith(obj, beg=0, end=len(string))	检查字符串是否以 obj 结束，如果 beg 或者 end 有所指定则检查指定范围内字符串是否以 obj 结束，如果是，返回 True，否则返回 False
string.expandtabs (tabsize= 8)	把字符串 string 中的制表符转为空格，一个制表符号默认对应的空格数是 8

续表

函数	描述
string.find(str, beg=0, end=len(string))	检测 str 是否包含在 string 中，如果 beg 和 end 指定范围，则检查 str 是否包含在指定范围内，如果是则返回 str 开始的索引值，否则返回-1
string.format()	格式化字符串
string.index(str, beg=0, end=len(string))	跟 find()一样，只不过如果 str 不在 string 中会报一个异常
string.isalnum()	如果 string 至少包含一个字符并且所有字符都是字母或数字则返回 True，否则返回 False
string.isalpha()	如果 string 至少包含一个字符并且所有字符都是字母则返回 True，否则返回 False
string.isdecimal()	如果 string 只包含十进制数字则返回 True，否则返回 False
string.isdigit()	如果 string 只包含数字则返回 True，否则返回 False
string.islower()	如果 string 至少包含一个区分大小写的字母，并且所有这些（区分大小写的）字母都是小写，则返回 True，否则返回 False
string.isnumeric()	如果 string 只包含数字字符则返回 True，否则返回 False
string.isspace()	如果 string 只包含空格则返回 True，否则返回 False
string.istitle()	如果 string 是标题化的（见 title()）则返回 True，否则返回 False
string.isupper()	如果 string 至少包含一个区分大小写的字母，并且所有这些（区分大小写的）字母都是大写，则返回 True，否则返回 False
string.join(seq)	以 string 作为分隔符，将 seq 中所有的元素（的字符串表示）合并为一个新的字符串
string.ljust(width)	返回一个原字符串左对齐，并使用空格填充至长度 width 的新字符串
string.lower()	转换 string 中所有大写字母为小写字母
string.lstrip()	截掉 string 左边的空格
string.maketrans(intab, outtab)	用于创建字符映射的转换表，对于接收两个参数的最简单的调用方式，第一个参数是字符串，表示需要转换的字符，第二个参数也是字符串，表示转换的目标
max(str)	返回字符串 str 中最大的字母
min(str)	返回字符串 str 中最小的字母
string.partition(str)	有点像 find()和 split()的结合体，从 str 出现的位置起，把字符串 string 分成一个 3 元素的元组(string_pre_str,str,string_post_str)，如果 string 不包含 str 则 string_pre_str == string
string.replace(str1, str2, num=string.count(str1))	把 string 中的 str1 替换成 str2，如果 num 有所指定，则替换不超过 num 次
string.rfind(str, beg=0, end=len(string))	类似于 find()，返回字符串最后一次出现的位置，如果没有匹配项则返回-1
string.rindex(str, beg=0, end=len(string))	类似于 index()，不过是返回最后一个匹配到的子字符串的索引值
string.rjust(width)	返回一个原字符串右对齐，并使用空格填充至长度 width 的新字符串
string.rpartition(str)	类似于 partition()，不过是从右边开始查找
string.rstrip()	删除 string 字符串末尾的空格
string.split(str="", num=string.count(str))	以 str 为分隔符对 string 切片，如果 num 有所指定，则仅分隔 num+1 个子字符串
string.splitlines([keepends])	按照行('\r'、'\r\n'、'\n')分隔，返回一个以各行作为元素的列表，如果参数 keepends 为 False，则不包含换行符，为 True 则保留换行符
string.startswith(obj, beg=0,end=len(string))	检查字符串是否以 obj 开头，是则返回 True，否则返回 False。如果 beg 和 end 有所指定，则在指定范围内检查

续表

函数	描述
string.strip([obj])	在 string 上执行 lstrip()和 rstrip()
string.swapcase()	翻转 string 中的大小写
string.title()	返回“标题化”的 string，就是说所有单词都以大写字母开始，其余字母均为小写
string.translate(str, del="")	根据 str 给出的表（包含 256 个字符）转换 string 的字符，要过滤掉的字符放到 del 参数中
string.upper()	转换 string 中的小写字母为大写字母
string.zfill(width)	返回长度为 width 的字符串，原字符串 string 右对齐，前面填充 0

2.3.8 Python 时间

Python 程序能用很多方式处理日期和时间，转换日期格式是一个常见的功能。Python 提供了 time()模块和 calendar()模块，可以用于格式化时间和日期。

（1）时间间隔是以秒为单位的浮点数。

（2）每个时间戳都以自从 1970 年 1 月 1 日午夜（历元）经过了多长时间来表示。

（3）Python 的 time 模块下有很多函数可以转换常见日期格式。函数 time.time()用于获取当前时间。

代码示例 2-7：转换日期格式。

```
import time  # 引入 time 模块

ticks = time.time()
print ("当前时间戳为:", ticks)
```

输出结果：

```
当前时间戳为: 1663557143.9482925
```

Python 中，时间元组是一个比较重要的数据类型，通过时间元组我们可以获取年月日时分秒、星期几、一年中的第几天等信息。时间元组的属性如表 2.12 所示。

表 2.12　时间元组的属性

序号	属性	含义	值
0	tm_year	四位数年	2008
1	tm_mon	月	1 到 12
2	tm_mday	日	1 到 31
3	tm_hour	时	0 到 23
4	tm_min	分	0 到 59
5	tm_sec	秒	0 到 61（60 或 61 是闰秒）
6	tm_wday	一周的第几日	0 到 6（0 是周一）
7	tm_yday	一年的第几日	一年中的第几天，1 到 366（儒略历）
8	tm_isdst	夏令时	是否为夏令时：1（夏令时）、0（不是夏令时）、-1（未知）。默认为-1

Python 中的时间日期格式化符号如下。

- %y：两位数的年份表示（00～99）。
- %Y：四位数的年份表示（0000～9999）。
- %m：月份（01～12）。
- %d：月内的一天（0～31）。
- %H：24 小时制小时数（0～23）。
- %I：12 小时制小时数（01～12）。
- %M：分（00～59）。
- %S：秒（00～59）。
- %a：简化星期名称。
- %A：完整星期名称。
- %b：简化月份名称。
- %B：完整月份名称。
- %c：日期和时间表示。
- %j：年内的一天（001～366）。
- %p：A.M.或 P.M.的等价符。
- %U：一年中的星期数（00～53），星期天为星期的开始。
- %w：星期（0～6），星期天为星期的开始。
- %W：一年中的星期数（00～53），星期一为星期的开始。
- %x：日期表示。
- %X：时间表示。
- %Z：当前时区的名称。
- %%：%号本身。

2.3.9 Python 内置函数

内置函数是 Python 解释器自带的函数，这些函数不需要用 import 命令导入就可以直接使用。Python 常用内置函数如表 2.13 所示。

表 2.13 Python 常用内置函数

abs()	all()	any()
ascii()	bin()	bool()
bytearray()	bytes()	callable()
chr()	classmethod()	compile()
complex()	delattr()	dict()
dir()	divmod()	enumerate()
eval()	exec()	filter()
float()	format()	frozenset()
getattr()	globals()	hasattr()
hash()	help()	hex()

续表

id()	input()	int()
isinstance()	issubclass()	iter()
len()	list()	locals()
map()	max()	memoryview()
min()	next()	object()
oct()	open()	ord()
pow()	print()	property()
range()	repr()	reversed()
round()	set()	setattr()
slice()	sorted()	staticmethod()
str()	sum()	super()
tuple()	type()	vars()
zip()	__import__()	reload()

2.3.10　Python 运算符

运算符是一些特殊的符号，主要用于数学计算、比较大小和逻辑运算等。使用运算符将不同类型的数据按照一定的规则连接起来的式子，称为表达式。本小节对一些常用的 Python 运算符进行介绍。Python 运算符主要包括算术运算符、比较（关系）运算符、赋值运算符、逻辑运算符、位运算符、成员运算符、身份运算符。

算术运算符是处理四则运算的符号，在数学的处理中应用最多。常用的算术运算符如表 2.14 所示。

表 2.14　Python 算术运算符

运算符	描述
+	加，两个对象相加
-	减，表示负数或是一个数减去另一个数
*	乘，两个数相乘或是一个字符串被重复若干次
/	除，一个数除以另一个数
%	取模，返回除法的余数
**	幂，如 x**y 返回 x 的 y 次幂
//	取整除，向下取接近商的整数

比较运算符用于对变量或表达式的结果进行大小、真假等比较。结果为真，则返回 True；结果为假，则返回 False。比较运算符通常用在条件语句中作为判断的依据。Python 比较运算符如表 2.15 所示。（假设变量 a 为 1，变量 b 为 2。）

表 2.15　Python 比较运算符

运算符	描述	实例
==	等于，比较两个对象是否相等	a == b 返回 False
!=	不等于，比较两个对象是否不相等	a != b 返回 True
>	大于，如 x>y 返回 x 是否大于 y	a > b 返回 False

续表

运算符	描述	实例
<	小于，如 x<y 返回 x 是否小于 y	a < b 返回 True
>=	大于或等于，如 x>=y 返回 x 是否大于或等于 y	a >= b 返回 False
<=	小于或等于，如 x<=y 返回 x 是否小于或等于 y	a <= b 返回 True

赋值运算符主要用来为变量等赋值。使用时，可以直接把基本赋值运算符“=”右边的值赋给左边的变量，也可以进行某些运算后再赋值给左边的变量。Python 常用赋值运算符如表 2.16 所示。

表 2.16　Python 常用赋值运算符

运算符	描述	实例
=	基本赋值运算符	c = a + b 将 a + b 的运算结果赋值给 c
+=	加法赋值运算符	c += a 等效于 c = c + a
-=	减法赋值运算符	c -= a 等效于 c = c - a
*=	乘法赋值运算符	c *= a 等效于 c = c * a
/=	除法赋值运算符	c /= a 等效于 c = c / a
%=	取模赋值运算符	c %= a 等效于 c = c % a
**=	幂赋值运算符	c **= a 等效于 c = c ** a
//=	取整除赋值运算符	c //= a 等效于 c = c // a

位运算符是把数字看作二进制数来进行计算的，因此先要将运算数转换为二进制，然后才能执行运算。在 Python 中常用的位运算符如表 2.17 所示。

表 2.17　Python 位运算符

运算符	描述	实例
&	按位与运算符，参与运算的两个值，如果两个相应位都为 1，则该位的结果为 1，否则为 0	a & b 输出结果 12，二进制解释：0000 1100
|	按位或运算符，只要对应的两个二进制位有一个为 1，结果位就为 1。	a | b 输出结果 61，二进制解释：0011 1101
^	按位异或运算符，当两个对应的二进制位相异时，结果位为 1	a ^ b 输出结果 49，二进制解释：0011 0001
~	按位取反运算符，对数据的每个二进制位取反，即把 1 变为 0，把 0 变为 1。~x 类似于-x-1	~a 输出结果-61，二进制解释：1100 0011
<<	左移动运算符，运算数的各二进制位全部左移若干位，由“<<”右边的数指定移动的位数，高位丢弃，低位补 0	a<<2 输出结果 240，二进制解释：1111 0000
>>	右移动运算符，把“>>”左边的运算数的各二进制位全部右移若干位，“>>”右边的数指定移动的位数	a>>2 输出结果 15，二进制解释：0000 1111

Python 逻辑运算符主要包括 and（逻辑与）、or（逻辑或）、not（逻辑非），如表 2.18 所示（设 a=10, b=20）。

表 2.18　Python 逻辑运算符

运算符	逻辑表达式	描述	实例
and	x and y	逻辑与，如果 x 为 False，x and y 返回 x 的值，否则返回 y 的值	a and b 返回 20
or	x or y	逻辑或，如果 x 为 True，x or y 返回 x 的值，否则返回 y 的值	a or b 返回 10
not	not x	逻辑非，如果 x 为 True，not x 返回 False，否则返回 True	not(a and b)返回 False

成员运算符的运算结果为布尔值。成员运算符由包含运算符“in”和非包含运算符“not in”组成。Python 成员运算符如表 2.19 所示。

表 2.19 Python 成员运算符

运算符	描述	实例
in	如果在指定的序列中找到值则返回 True，否则返回 False	x in y，如果 x 在 y 序列中返回 True
not in	如果在指定的序列中没有找到值则返回 True，否则返回 False	x not in y，如果 x 不在 y 序列中返回 True

身份运算符用于比较两个对象的内存地址是否一致。Python 身份运算符如表 2.20 所示。

表 2.20 Pythons 身份运算符

运算符	描述	实例
is	用于判断两个标识符是不是引用自一个对象	x is y，类似 id(x) == id(y)，如果引用的是同一个对象则返回 True，否则返回 False
is not	用于判断两个标识符是不是引用自不同对象	x is not y，类似 id(x) != id(y)，如果引用的不是同一个对象则返回 True，否则返回 False

在同一行代码中出现多种运算符时，“优先级”高的运算符就会先执行，而“同级”的运算符，则按从左往右的顺序执行，“优先级”最低的运算符最后执行。Python 运算符优先级如表 2.21 所示。

表 2.21 Pythons 运算符优先级

运算符	描述	优先级
(expressions...),[expressions...], {key: value...}, {expressions...}	带括号的表达式	高
x[index], x[index:index], x(arguments...), x.attribute	读取，切片，调用，属性引用	↑
await x	await 表达式	
**	幂	
+x, −x, ~x	正，负，按位非	
*, @, /, //, %	乘，矩阵乘，除，整除，取余	
+, −	加，减	
<<, >>	移位	
&	按位与	
^	按位异或	
|	按位或	
in,not in, is,is not, <, <=, >, >=, !=, ==	成员运算，身份运算，比较运算	
not x	逻辑非	
and	逻辑与	
or	逻辑或	
if … else	条件表达式	
lambda	lambda 表达式	
:=	赋值表达式	低

2.3.11 Python 实例

本小节根据前面所介绍的 Python 基础语法，提供一些实例，帮助读者巩固所学知识，更快掌握 Python 基础语法。

Python 允许在一个循环体里面嵌入另一个循环。

代码示例 2-8：嵌套循环。

代码中 iterating_var 为循环中的变量，sequence 为循环变量的范围。每次循环开始前程序会进行判断，若 iterating_var 在 sequence 的范围内，则执行循环内的语句，否则跳过此循环。

```
for iterating_var in sequence:
   for iterating_var in sequence:
      statements(s)
   statements(s)                  # for 循环嵌套

while expression:
   while expression:
      statement(s)
   statement(s)                   # while 循环嵌套
```

代码示例 2-9：输出 1～100 的所有质数。

本段代码的重点是判断一个数是不是质数，读者需要了解质数的定义。

```
i = 1
while (i < 100):
   if i==1:
      i = i + 1
      continue
   j = 2
   while (j <= (i / j)):
      if not (i % j): break
      j = j + 1
   if (j > i / j):
      print (i, " 是质数")
   i = i + 1
print ("输出完成")
```

输出结果：

```
2  是质数
3  是质数
5  是质数
7  是质数
11  是质数
13  是质数
17  是质数
19  是质数
23  是质数
29  是质数
31  是质数
```

```
37  是质数
41  是质数
43  是质数
47  是质数
53  是质数
59  是质数
61  是质数
67  是质数
71  是质数
73  是质数
79  是质数
83  是质数
89  是质数
97  是质数
输出完成
```

代码示例 2-10：使用 break 语句控制循环。

（1）break 语句用来终止循环，即在循环条件没有返回 False 或者序列还没被完全递归完时停止执行循环语句。

（2）break 语句用在 while 循环和 for 循环中。

（3）如果使用嵌套循环，break 语句将停止执行最深层的循环，并开始执行其下一行代码。

```
for word in 'Python':
   if word == 'o':
      break
   print('当前字母 :', word)
num = 10
while num > 0:
   print(    '当前变量值 :', num)
   num = num - 1
   if num == 5:  # 当变量 num 等于 5 时退出循环
      break
print('实例结束')
```

输出结果：

```
当前字母 : P
当前字母 : y
当前字母 : t
当前字母 : h
当前变量值 : 10
当前变量值 : 9
当前变量值 : 8
当前变量值 : 7
当前变量值 : 6
实例结束
```

代码示例 2-11：使用 continue 语句控制循环。

Python 中 continue 语句用于跳出本次循环，用在 while 和 for 循环中，而 break 语句用于跳出整个循环。continue 语句告诉 Python 跳过当前循环的剩余语句，然后继续进行下一轮循环。

```
for word in 'Python':  # 第一个实例
   if word == 'o':
      continue
   print( '当前字母 :', word)


num = 10  # 第二个实例
while num > 0:
   num = num - 1
   if num == 5:
      continue
   print( '当前变量值 :', num)
print('实例结束')
```

输出结果：

```
当前字母 : P
当前字母 : y
当前字母 : t
当前字母 : h
当前字母 : n
当前变量值 : 9
当前变量值 : 8
当前变量值 : 7
当前变量值 : 6
当前变量值 : 4
当前变量值 : 3
当前变量值 : 2
当前变量值 : 1
当前变量值 : 0
实例结束
```

代码示例 2-12：使用 pass 语句控制程序。

Python 中 pass 是空语句，用于保持程序结构的完整性。pass 不做任何事情，一般用作占位语句。

```
for word in 'Python':
   if word == 'o':
      pass
      print('这是 pass 块')
   print('当前字母 :', word)
print("实例结束!")
```

输出结果：

```
当前字母 : P
当前字母 : y
当前字母 : t
当前字母 : h
```

```
这是 pass 块
当前字母 : o
当前字母 : n
实例结束!
```

2.4 本章小结

Python 是人工智能领域中使用最广泛的编程语言之一。在介绍人工智能相关知识以后，本章介绍了 Python 的基础知识，包括 Python 和 PyCharm 的下载与安装，以及 Python 的语法介绍。本章最后给出相关实例，读者可以通过这些实例进一步夯实 Python 基础，为后续 OpenCV 图像处理的学习做好充分准备。

2.5 习题

1. 在计算机上完成下列编程练习。

练习 2-1：熟悉字符串使用方法。

```
var1 = "Hello"
var2 = "Python"

print("var1 + var2+ var1 输出结果: ", var1 + var2 + var1)
print("var1 * 3 输出结果: ", var1 * 3)
print("var1[1] 输出结果: ", var1[1])
print("var1[1:4] 输出结果: ", var1[1:4])
if ("l" in var1):
   print("l 在变量 var1 中")
else:
   print("l 不在变量 var1 中")
if ("K" not in var1):
   print("K 不在变量 var1 中")
else:
   print("K 在变量 var1 中")
```

输出结果：

```
var1 + var2+ var1 输出结果:  HelloPythonHello
var1 * 3 输出结果:  HelloHelloHello
var1[1] 输出结果:  e
var1[1:4] 输出结果:  ell
l 在变量 var1 中
K 不在变量 var1 中
```

练习 2-2：输出所有由数字 4,5,6,7 组成、互不相同且无重复数字的三位数。

```
for i in range(4,8):
   for j in range(4,8):
```

```
        for k in range(4,8):
            if( i != k ) and (i != j) and (j != k):
                print (i,j,k)
```

输出结果：

```
4 5 6
4 5 7
4 6 5
4 6 7
4 7 5
4 7 6
5 4 6
5 4 7
5 6 4
5 6 7
5 7 4
5 7 6
6 4 5
6 4 7
6 5 4
6 5 7
6 7 4
6 7 5
7 4 5
7 4 6
7 5 4
7 5 6
7 6 4
7 6 5
```

练习 2-3：输入三个整数 a,b,c，把这三个数由小到大输出。

```
num_list = []
for i in range(3):
    x = int(input('输入整数:\n'))
    num_list.append(x)
num_list.sort()
print (num_list)
```

输出结果：

```
输入整数:
34
输入整数:
5
输入整数:
6
[5, 6, 34]
```

练习 2-4：输出九九乘法表。

```
for i in range(1, 10):
    print()
    for j in range(1, i+1):
        print ("%d*%d=%d" % (i, j, i*j), end=" " )
```

输出结果：

```
1*1=1
2*1=2 2*2=4
3*1=3 3*2=6 3*3=9
4*1=4 4*2=8 4*3=12 4*4=16
5*1=5 5*2=10 5*3=15 5*4=20 5*5=25
6*1=6 6*2=12 6*3=18 6*4=24 6*5=30 6*6=36
7*1=7 7*2=14 7*3=21 7*4=28 7*5=35 7*6=42 7*7=49
8*1=8 8*2=16 8*3=24 8*4=32 8*5=40 8*6=48 8*7=56 8*8=64
9*1=9 9*2=18 9*3=27 9*4=36 9*5=45 9*6=54 9*7=63 9*8=72 9*9=81
Process finished with exit code 0
```

练习 2-5：计算 101～300 有多少个质数，并输出所有质数。

```
p = 0
con = 1
from math import sqrt
from sys import stdout
for ii in range(101,301):
    k = int(sqrt(ii + 1))
    for i in range(2,k + 1):
        if ii % i == 0:
            con = 0
            break
    if con == 1:
        print ('%-4d' % ii)
        p += 1
    con = 1
print ('质数的数量： %d' % p)
```

输出结果：

```
101
103
107
109
113
127
131
137
139
149
151
157
163
167
173
179
181
191
193
197
199
211
```

```
223
227
229
233
239
241
251
257
263
269
271
277
281
283
293
质数的数量： 37
```

练习 2-6：求 sum=a+aa+aa⋯a 的值。

```
from functools import reduce
sum = 0
list_1 = []
n = int(input('n = '))
a = int(input('a = '))
for count in range(n):
    sum = sum + a
    a = a * 10
    list_1.append(sum)
    print(sum)

list_1 = reduce(lambda x, y: x + y, list_1)
print("和为: ", list_1)
```

输出结果：

```
n = 7
a = 8
8
88
888
8888
88888
888888
8888888
和为： 9876536
```

练习 2-7：求 1+2!+3!+⋯+15!的和。

```
num = 0
sum = 0
t = 1
for num in range(1,16):
    t *= num
    sum += t
print ('1! + 2! + 3! + … + 15! = %d' % sum)
```

输出结果：

```
1! + 2! + 3! + … + 15! = 1401602636313
```

练习 2-8：让用户自己输入范围，输出区间内所有质数，以 1～400 为例。

```
lower = int(input("输入区间最小值: "))
upper = int(input("输入区间最大值: "))
if lower>upper:
   print ('最大值小于最小值，请检查')
if lower==upper:
   print ('最大值等于最小值，请检查')
if lower<upper:
   for num in range(lower, upper + 1):
      if num > 1:
         for i in range(2, num):
            if (num % i) == 0:
               break
         else:
            print(num)
```

输出结果如下。

输出 1：

```
输入区间最小值: 55
输入区间最大值: 12
最大值小于最小值，请检查
```

输出 2：

```
输入区间最小值: 103
输入区间最大值: 103
最大值等于最小值，请检查
```

输出 3：

```
输入区间最小值: 1
输入区间最大值: 400
2
3
5
7
11
13
17
19
23
29
31
37
41
43
47
53
59
```

```
61
67
71
73
79
83
89
97
101
103
107
109
113
127
131
137
139
149
151
157
163
167
173
179
181
191
193
197
199
211
223
227
229
233
239
241
251
257
263
269
271
277
281
283
293
307
311
313
317
331
337
347
349
353
```

```
359
367
373
379
383
389
397
```

练习 2-9：输入 12 个数字，然后进行排序。

```
if __name__ == "__main__":
    N = 12
    # input data
    print('请输入 10 个数字:\n')
    l = []
    for i in range(N):
        iii="输入第 %s 个数字:\n"%(i+1)
        l.append(int(input(iii)))
    print
    for i in range(N):
        print(l[i])
    print

    # 排列 10 个数字
    for i in range(N - 1):
        min = i
        for j in range(i + 1, N):
            if l[min] > l[j]: min = j
        l[i], l[min] = l[min], l[i]
    print('排列之后: ')
    for i in range(N):
        print(l[i])
```

输出结果：

```
请输入 10 个数字:

输入第 1 个数字:
12
输入第 2 个数字:
45
输入第 3 个数字:
66
输入第 4 个数字:
1234
输入第 5 个数字:
678
输入第 6 个数字:
132
输入第 7 个数字:
567
输入第 8 个数字:
908
输入第 9 个数字:
```

```
870
输入第 10 个数字:
1
输入第 11 个数字:
32
输入第 12 个数字:
340
12
45
66
1234
678
132
567
908
870
1
32
340
排列之后:
1
12
32
45
66
132
340
567
678
870
908
1234
```

练习 2-10：求输入数字的平方，如果输入的数字大于 2000 则退出。

```
TRUE = 1
FALSE = 0
def SQ(x):
   return x * x
print ('如果输入的数字大于 2000，程序将停止运行。')
running = 1
while running:
   num = int(input('请输入一个数字：'))
   print ('运算结果：%d' % (SQ(num)))
   if SQ(num) <= 2000:
      running = TRUE
   else:
      running = FALSE
```

输出结果：

```
如果输入的数字大于 2000，程序将停止运行。
请输入一个数字：20
```

```
运算结果: 400
请输入一个数字: 25
运算结果: 625
请输入一个数字: 60
运算结果: 3600
```

练习 2-11：计算数组元素之和。

```
def _sum(arr, n):
   return (sum(arr))
arr = []
arr = [4, 6, 9, 18]

n = len(arr)
ans = _sum(arr, n)

print('数组元素之和为', ans)
```

输出结果：

```
数组元素之和为 37
```

练习 2-12：猜数游戏。

```
if __name__ == '__main__':
   import time
   import random

   play_it = input('您想开始猜数游戏吗?(\'y\' or \'n\')')
   while play_it == 'y':
      c = input('请输入任意数字开始:\n')
      i = random.randint(0, 2 ** 32) % 100
      print('请输入您猜的数字:\n')
      start = time.perf_counter ()
      a = time.time()
      guess = int(input('请输入您的猜测:\n'))
      while guess != i:
         if guess > i:
            print('请尝试一个小一点的数')
            guess = int(input('请输入您的猜测:\n'))
         else:
            print('请尝试一个大一点的数')
            guess = int(input('请输入您的猜测:\n'))
      end = time.perf_counter ()
      b = time.time()
      time_used = (end - start)
      print(time_used)
      if time_used < 15:
         print('您算得很快!')

      elif time_used < 25:
         print('您算的速度一般!')
```

```
        else:
            print('请继续努力!')
        print('恭喜您猜对了')
        print('您猜中的数字是 %d'%i)
        play_it = input('您想开始猜数游戏吗?(\'y\' or \'n\')')
```

输出结果：

```
您想开始猜数游戏吗?('y' or 'n')y
请输入任意数字开始:
1
请输入您猜的数字:

请输入您的猜测:
40
请尝试一个大一点的数
请输入您的猜测:
50
请尝试一个大一点的数
请输入您的猜测:
60
请尝试一个大一点的数
请输入您的猜测:
70
请尝试一个大一点的数
请输入您的猜测:
80
请尝试一个大一点的数
请输入您的猜测:
90
请尝试一个小一点的数
请输入您的猜测:
85
12.11219210003037
您算得很快!
恭喜您猜对了
您猜中的数字是 85
您想开始猜数游戏吗?('y' or 'n')
```

2. Python 的保留字是否可以用于普通标识符？
3. Python 支持哪几种不同的数值类型？如何对数据类型进行转换？如何创建字符串？
4. 编程实现：让用户输入 3 个整数，要求输出最大和最小的数字。
5. 编程实现：使用循环实现输出 2-3+4-5+6-7+8-9+10 的和。
6. 编程实现：使用 while 循环实现输出 1～100 所有的奇数。

第 3 章 使用 OpenCV 处理图像

OpenCV（开源计算机视觉）是一个强大的计算机视觉和图像处理库，有很多优点。使用OpenCV 处理图像的优势如下。

（1）广泛的功能。OpenCV 为图像处理提供了广泛的功能，包括图像过滤、色彩空间转换、直方图计算等。它还提供了特征检测和提取的功能，如检测角落和边缘，以及提取 SIFT 和 SURF 等特征。

（2）对二维和三维图像的支持。OpenCV 可以处理二维和三维图像，使其在广泛的应用中发挥作用，如物体检测、人脸识别和增强现实。

（3）对视频处理的支持。OpenCV 为视频处理提供了广泛的支持，如运动估计、光流计算和物体跟踪。

（4）机器学习算法。OpenCV 提供了丰富的机器学习算法，包括对神经网络、决策树和 SVM 的支持。

（5）对相机和其他设备的支持。OpenCV 可以与相机和其他设备一起工作，如支持从相机和网络摄像头捕捉图像和视频，以及支持立体和深度数据。

（6）庞大而活跃的社区。OpenCV 得到了一个庞大而活跃的开发者社区的支持，社区中有许多资源可以用来学习如何使用该库。

（7）高性能。OpenCV 针对实时性能进行了优化，这对许多计算机视觉应用是很重要的。

（8）与平台无关。OpenCV 是跨平台的，可以在 Windows、Linux、macOS 和 Android 上使用。

（9）互操作性。OpenCV 很容易与其他库和框架集成，如 NumPy、TensorFlow 等。

总的来说，OpenCV 是一个用于计算机视觉和图像处理的强大而通用的库，具有许多优点，这些优点使其成为计算机视觉应用的理想选择。

本章将详细介绍如何安装 OpenCV 并使用 OpenCV 处理图像。

本章学习目标：

（1）熟悉图像处理的基本操作；

（2）通过学习能够成功处理图像并获得图像属性；

（3）掌握常用的 3 个图像属性的含义及其使用方法。

3.1 OpenCV 基础

Python 拥有丰富而强大的库，这是 Python 成为人工智能最受欢迎的编程语言的主要原因之一。

3.1.1 Python 的第三方库（框架）

Python 是一种强大的编程语言，拥有一个庞大而活跃的开发者和用户社区。它受欢迎的原因之一是有广泛的库和框架可供使用。这些库和框架使得执行复杂的任务和开发广泛领域的应用变得容易。

NumPy：这个库在科学计算和数据分析中被广泛使用，它提供了对大型多维数组和数字数据矩阵的支持，以及一个庞大的数学函数库来操作这些数组。

Pandas：这个库被广泛用于数据处理和分析，它提供了强大的数据结构和数据分析工具来处理和操作数字表和时间序列数据。

Matplotlib：这个库被广泛用于数据可视化，它提供了一个广泛的可视化工具库，包括线图、散点图和柱状图。

Scikit-learn：简称 sklearn，这个库被广泛用于机器学习，它为机器学习提供了广泛的工具，包括监督和无监督学习算法、预处理和特征提取工具，以及模型评估方法。

TensorFlow：这个库被广泛用于深度学习，它为构建和部署神经网络提供了一个强大的框架，也为训练和部署深度学习模型提供了广泛的工具。

Keras：这个库被广泛用于深度学习，它是一个用户友好的高级神经网络库，用 Python 编写，能够在 TensorFlow、CNTK 或 Theano 之上运行。

Flask：这是一个轻量级的 Python 网络框架，它通过提供有用的工具和库，帮助用户轻松构建网络应用。

Django：这是一个高水平的 Python 网络框架，包括一个 ORM（Object Relational Mapping，

对象关系映射)、模板引擎、表单和其他有用的工具，它提供了一种简单的方法来构建和维护网络应用。

OpenCV：这是一个用于计算机视觉和机器学习的开源库。该库具有广泛的功能，包括图像和视频处理、特征检测和提取、物体检测和识别等。它是用C++编写的，但有一个Python接口，允许开发者在他们的Python程序中使用该库。

这些只是众多可用于Python的库和框架中的一些例子，除此之外还有许多其他的库和框架可用，每一个都有自己的特点和特定的能力。在这些库的帮助下，Python被广泛用于各个领域，如网络开发、数据科学、机器学习、深度学习、人工智能、数据可视化等。

本书主要介绍OpenCV和NumPy两个库的使用。

（1）OpenCV

OpenCV的Python接口使得用广泛的算法来处理图像和视频变得容易。凭借其Python界面，它很容易使用，用户可以轻松地完成复杂的图像和视频处理、特征检测和提取、物体检测和识别等。

OpenCV支持各种编程语言，如C++，Python，Java等，可在不同的平台上使用，包括Windows、Linux、macOS、Android和iOS。它轻量而且高效，由一系列C函数和少量C++类构成，同时提供了Python、Ruby、MATLAB等语言的接口，实现了图像处理和计算机视觉方面的很多通用算法。

OpenCV主要倾向于实时视觉应用，并在可用时利用多媒体扩展（Multi Media eXtension，MMX）指令集和单指令多数据流扩展（Streaming SIMD Extensions，SSE）指令，如今也提供对于C#、GO的支持。

（2）NumPy

NumPy（Numerical Python）是Python编程语言的一个库，也是一种开源的数值计算扩展，它增加了对大型多维数组和矩阵的支持，同时还有一个庞大的数学函数库来操作这些数组。它是Python中科学计算和数据分析最广泛使用的库之一。NumPy的主要特点之一是它支持多维数组（Ndarrays）。这些数组可以用于存储和处理大量的数字数据，比Python内置的列表和数组更有效率。NumPy还提供了一系列可以应用于这些数组的数学函数，包括线性代数、傅里叶变换和随机数生成。NumPy还提供了一些处理数组的工具，如重塑、切片和索引等。它还包括一些在数组上进行元素间操作的函数，如加法、减法和乘法。NumPy的另一个重要特征是它对广播的支持，它允许对不同形状的数组进行操作，这使得对不同大小的数组进行操作变得很容易，对于处理图像和视频数据特别有用。NumPy还提供了对不同数据类型的数组的处理支持，如整数、浮点数和复数。这使得它可以被广泛应用，包括科学计算、数据分析和机器学习。NumPy也是其他库的基本库，如Pandas、Scikit-learn等。总的来说，NumPy是一个强大而通用的Python科学计算和数据分析库。它对多维数组、数学函数和数组操作工具的支持使它成为处理大量数字数据的强大工具。

3.1.2　OpenCV的安装与导入

首先打开命令提示符窗口，如图3.1所示。在命令提示符窗口中输入安装命令“pip install -i https://pypi.tuna.tsinghua.edu.cn/simple opencv-contrib-python”，如图3.2所示。

输入安装命令后，按“Enter”键开始安装，如图3.3所示。

图 3.1　打开命令提示符窗口

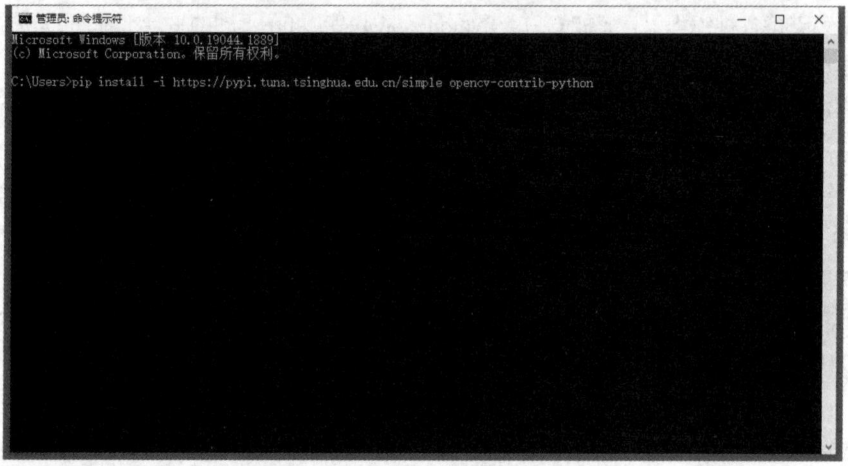

图 3.2　输入安装命令

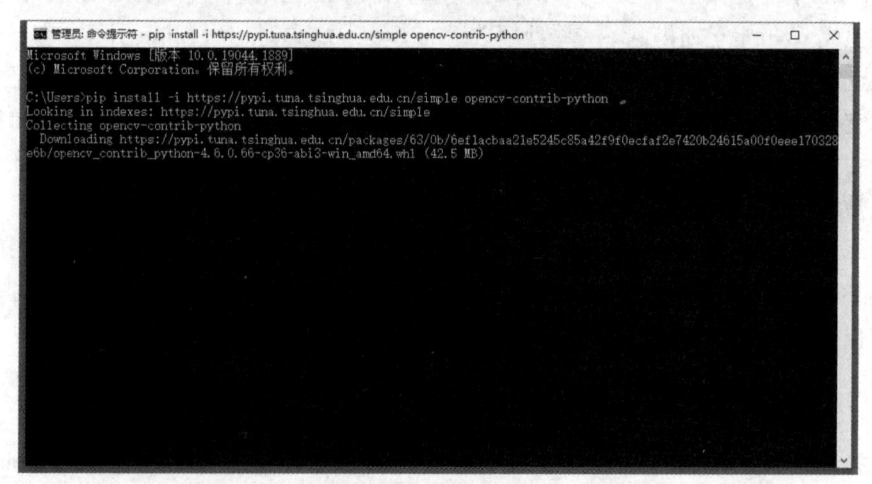

图 3.3　开始安装

等待安装如图 3.4 所示。完成安装如图 3.5 所示。

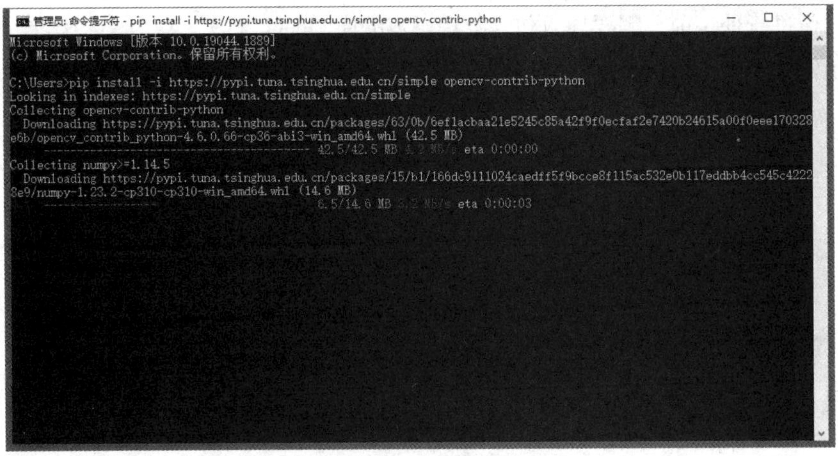

```
管理员: 命令提示符 - pip  install -i https://pypi.tuna.tsinghua.edu.cn/simple opencv-contrib-python
Microsoft Windows [版本 10.0.19044.1889]
(c) Microsoft Corporation。保留所有权利。

C:\Users>pip install -i https://pypi.tuna.tsinghua.edu.cn/simple opencv-contrib-python
Looking in indexes: https://pypi.tuna.tsinghua.edu.cn/simple
Collecting opencv-contrib-python
  Downloading https://pypi.tuna.tsinghua.edu.cn/packages/63/0b/6ef1acbaa21e5245c85a42f9f0ecfaf2e7420b24615a00f0eee170328
e6b/opencv_contrib_python-4.6.0.66-cp36-abi3-win_amd64.whl (42.5 MB)
     ---------------------------------------- 42.5/42.5 MB 4.2 MB/s eta 0:00:00
Collecting numpy>=1.14.5
  Downloading https://pypi.tuna.tsinghua.edu.cn/packages/15/b1/166dc9111024caedff5f9bcce8f115ac532e0b117eddbb4cc545c4222
8e9/numpy-1.23.2-cp310-cp310-win_amd64.whl (14.6 MB)
     ----------------                         6.5/14.6 MB 3.2 MB/s eta 0:00:03
```

图 3.4　等待安装

```
管理员: 命令提示符
Microsoft Windows [版本 10.0.19044.1889]
(c) Microsoft Corporation。保留所有权利。

C:\Users>pip install -i https://pypi.tuna.tsinghua.edu.cn/simple opencv-contrib-python
Looking in indexes: https://pypi.tuna.tsinghua.edu.cn/simple
Collecting opencv-contrib-python
  Downloading https://pypi.tuna.tsinghua.edu.cn/packages/63/0b/6ef1acbaa21e5245c85a42f9f0ecfaf2e7420b24615a00f0eee170328
e6b/opencv_contrib_python-4.6.0.66-cp36-abi3-win_amd64.whl (42.5 MB)
     ---------------------------------------- 42.5/42.5 MB 4.2 MB/s eta 0:00:00
Collecting numpy>=1.14.5
  Downloading https://pypi.tuna.tsinghua.edu.cn/packages/15/b1/166dc9111024caedff5f9bcce8f115ac532e0b117eddbb4cc545c4222
8e9/numpy-1.23.2-cp310-cp310-win_amd64.whl (14.6 MB)
     ---------------------------------------- 14.6/14.6 MB 3.0 MB/s eta 0:00:00
Installing collected packages: numpy, opencv-contrib-python
Successfully installed numpy-1.23.2 opencv-contrib-python-4.6.0.66

[notice] A new release of pip available: 22.2.1 -> 22.2.2
[notice] To update, run: python.exe -m pip install --upgrade pip

C:\Users>
```

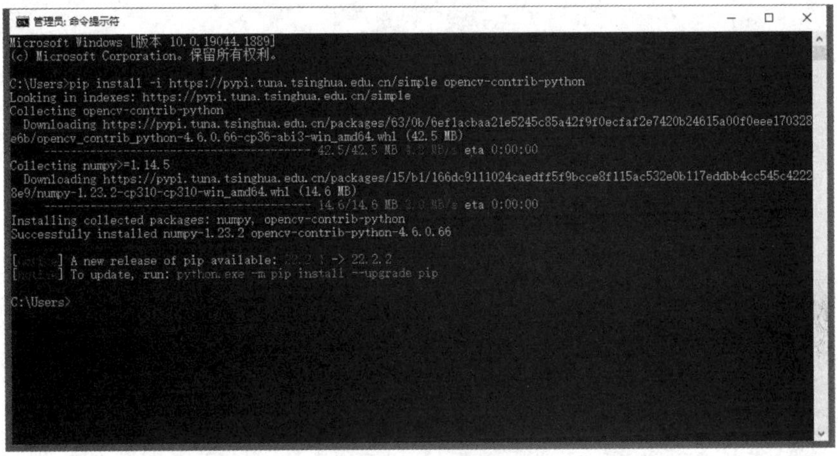

图 3.5　完成安装

检验是否安装成功。在命令提示符窗口中输入“python”，查看结果，如图 3.6 所示。

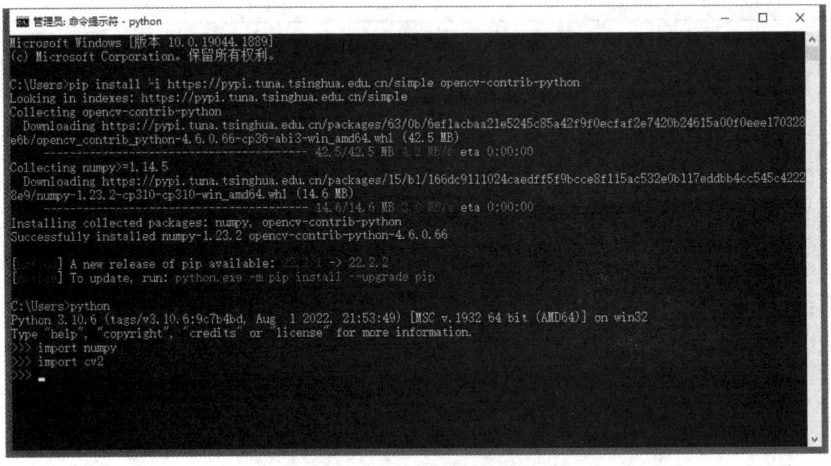

```
管理员: 命令提示符 - python
Microsoft Windows [版本 10.0.19044.1889]
(c) Microsoft Corporation。保留所有权利。

C:\Users>pip install -i https://pypi.tuna.tsinghua.edu.cn/simple opencv-contrib-python
Looking in indexes: https://pypi.tuna.tsinghua.edu.cn/simple
Collecting opencv-contrib-python
  Downloading https://pypi.tuna.tsinghua.edu.cn/packages/63/0b/6ef1acbaa21e5245c85a42f9f0ecfaf2e7420b24615a00f0eee170328
e6b/opencv_contrib_python-4.6.0.66-cp36-abi3-win_amd64.whl (42.5 MB)
     ---------------------------------------- 42.5/42.5 MB 4.2 MB/s eta 0:00:00
Collecting numpy>=1.14.5
  Downloading https://pypi.tuna.tsinghua.edu.cn/packages/15/b1/166dc9111024caedff5f9bcce8f115ac532e0b117eddbb4cc545c4222
8e9/numpy-1.23.2-cp310-cp310-win_amd64.whl (14.6 MB)
     ---------------------------------------- 14.6/14.6 MB 3.0 MB/s eta 0:00:00
Installing collected packages: numpy, opencv-contrib-python
Successfully installed numpy-1.23.2 opencv-contrib-python-4.6.0.66

[notice] A new release of pip available: 22.2.1 -> 22.2.2
[notice] To update, run: python.exe -m pip install --upgrade pip

C:\Users>python
Python 3.10.6 (tags/v3.10.6:9c7b4bd, Aug  1 2022, 21:53:49) [MSC v.1932 64 bit (AMD64)] on win32
Type "help", "copyright", "credits" or "license" for more information.
>>> import numpy
>>> import cv2
>>> _
```

图 3.6　检验是否安装成功

在对图像进行处理前，需要导入包含处理函数的库 OpenCV。

代码示例 3-1：导入 OpenCV 库。

```
import cv2
```

运行结果如图 3.7 所示。

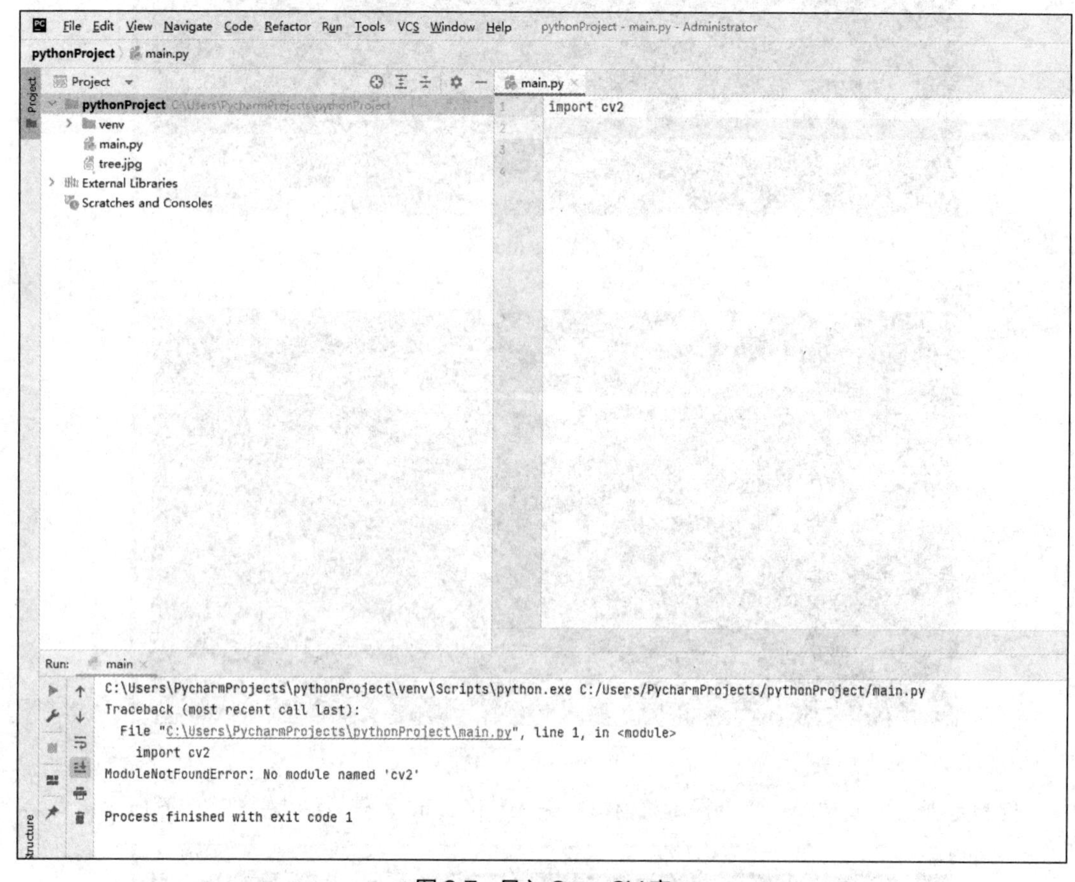

图 3.7 导入 OpenCV 库

运行导入 OpenCV 库代码之后发现出现错误，随后单击“File” / “Settings”，如图 3.8 所示，打开设置界面。

打开设置界面后单击“Project：pythonProject” / “Python Interpreter”，如图 3.9、图 3.10 所示。

之后单击“Add Interpreter” / “Add Local Interpreter”，如图 3.11 所示。在 Environment 选项中，单击选中“Existing”单选按钮，如图 3.12 所示。

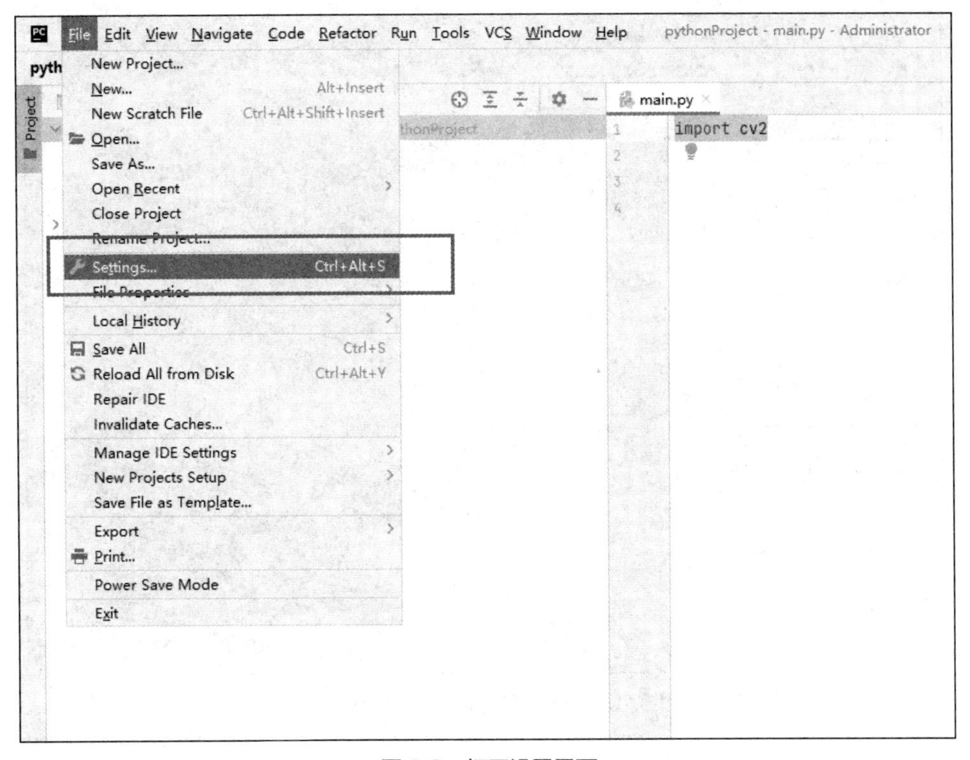

图 3.8　打开设置界面

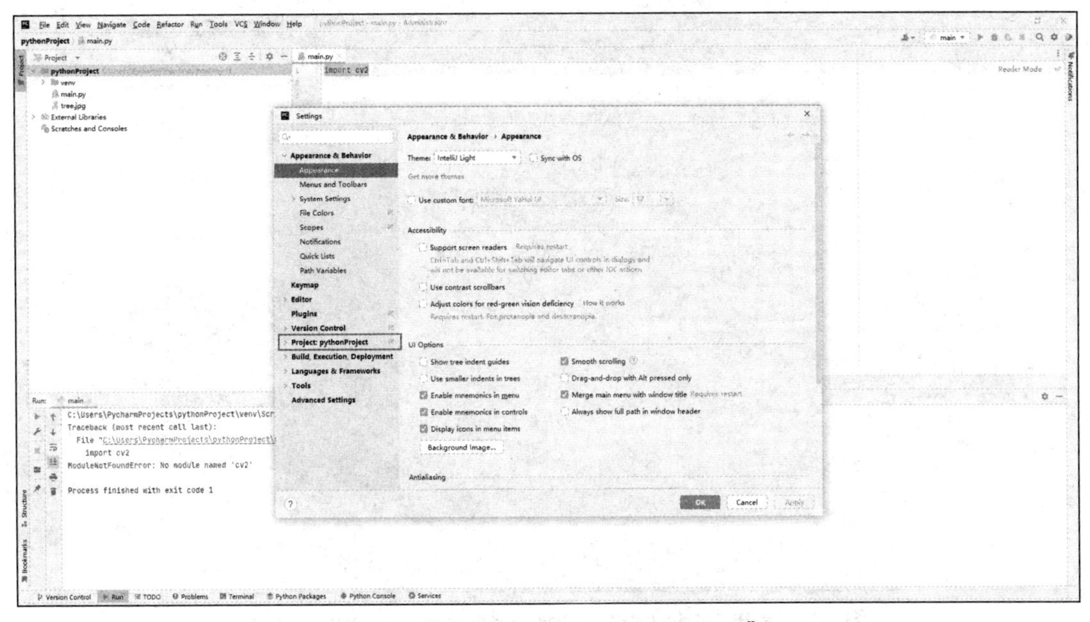

图 3.9　单击“Project：pythonProject”

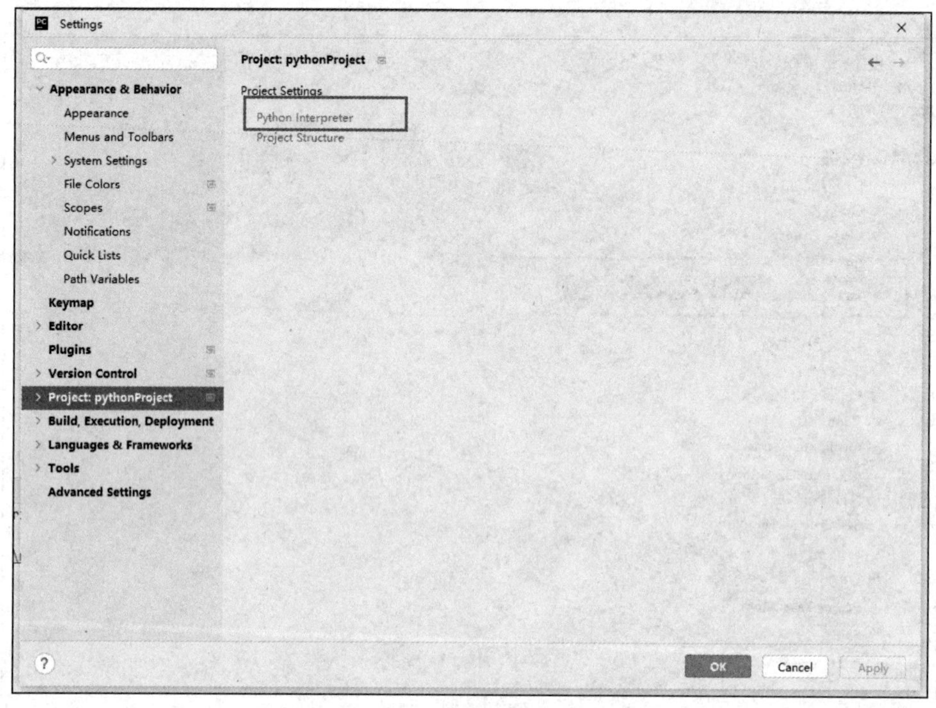

图 3.10　单击“Python Interpreter”

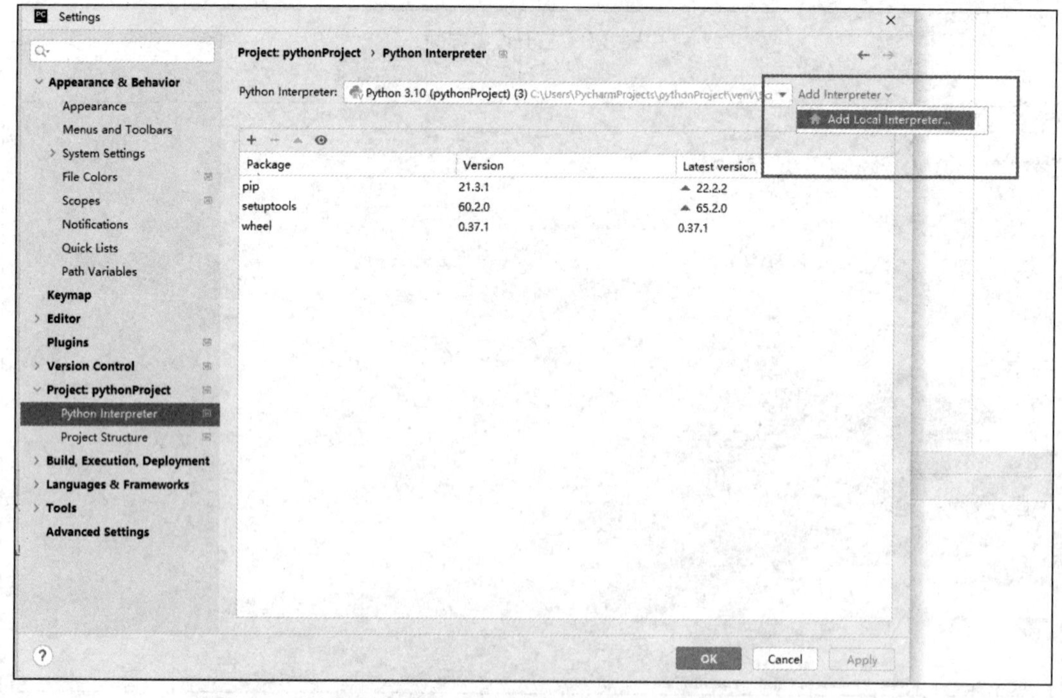

图 3.11　单击“Add Interpreter”/“Add Local Interpreter”

如图 3.13 所示，单击方框中的按钮，在对话框中添加 C 盘 Users 目录（根据自己安装的位置进行选择）下的 python.exe 文件，具体步骤如图 3.14、图 3.15 所示。

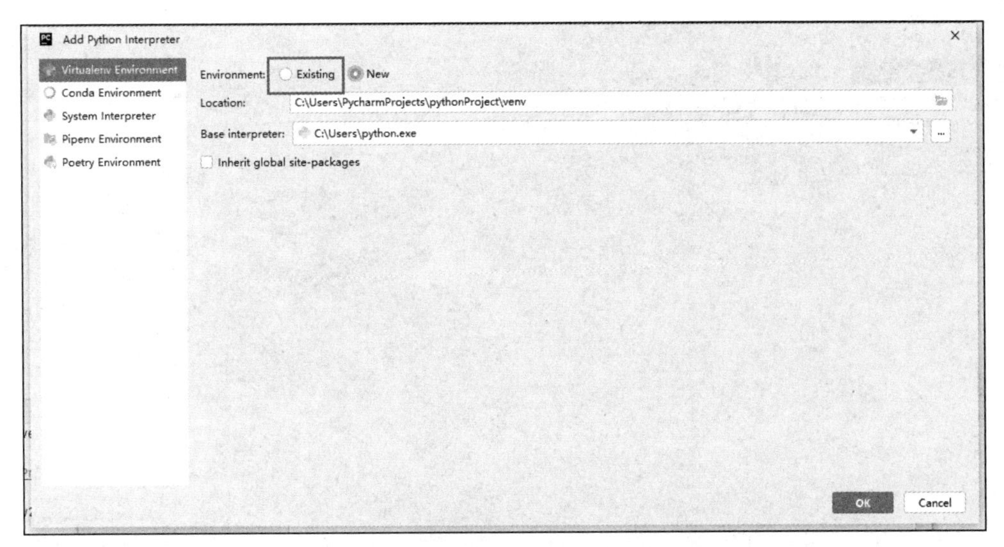

图 3.12　单击选中“Existing”单选按钮

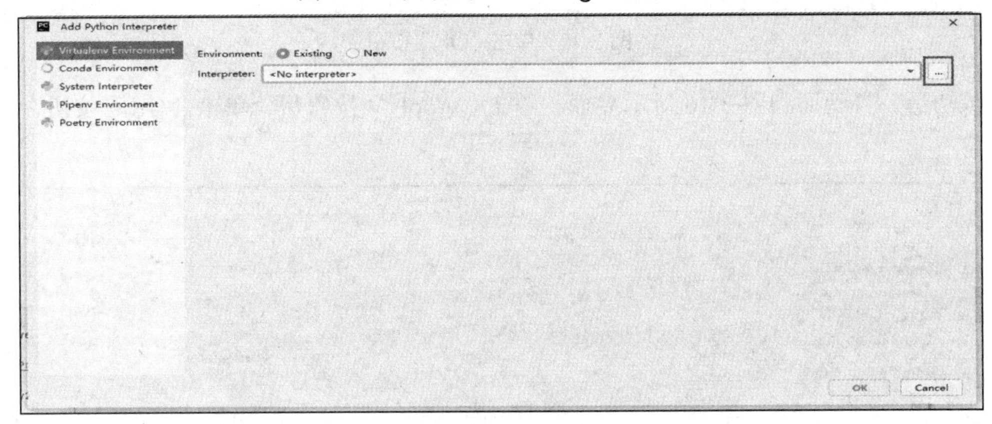

图 3.13　单击方框中的按钮

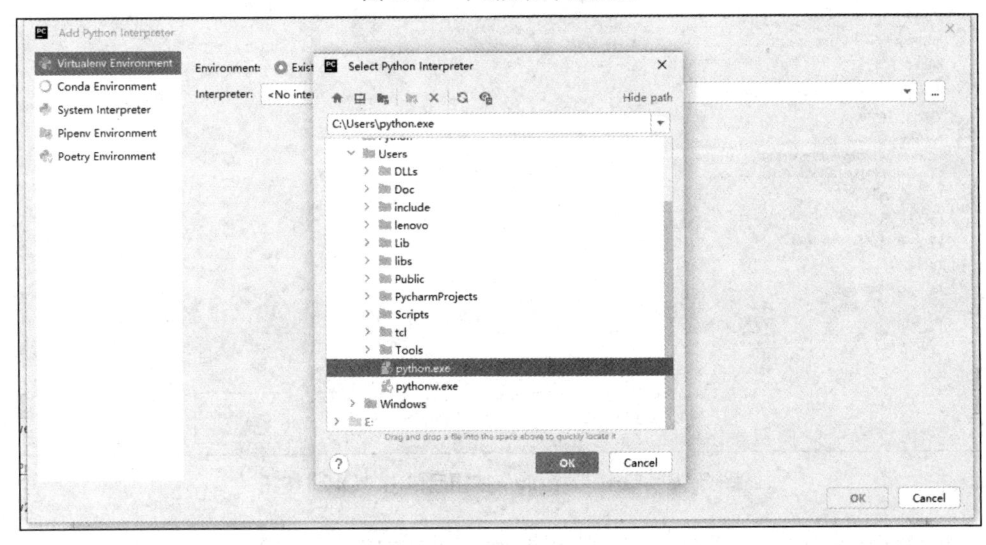

图 3.14　选择 C 盘 Users 目录下的 python.exe

图 3.15 单击“OK”按钮

成功后，自动回到图 3.16 所示界面，单击“Apply”按钮后，单击“OK”按钮，完成设置。

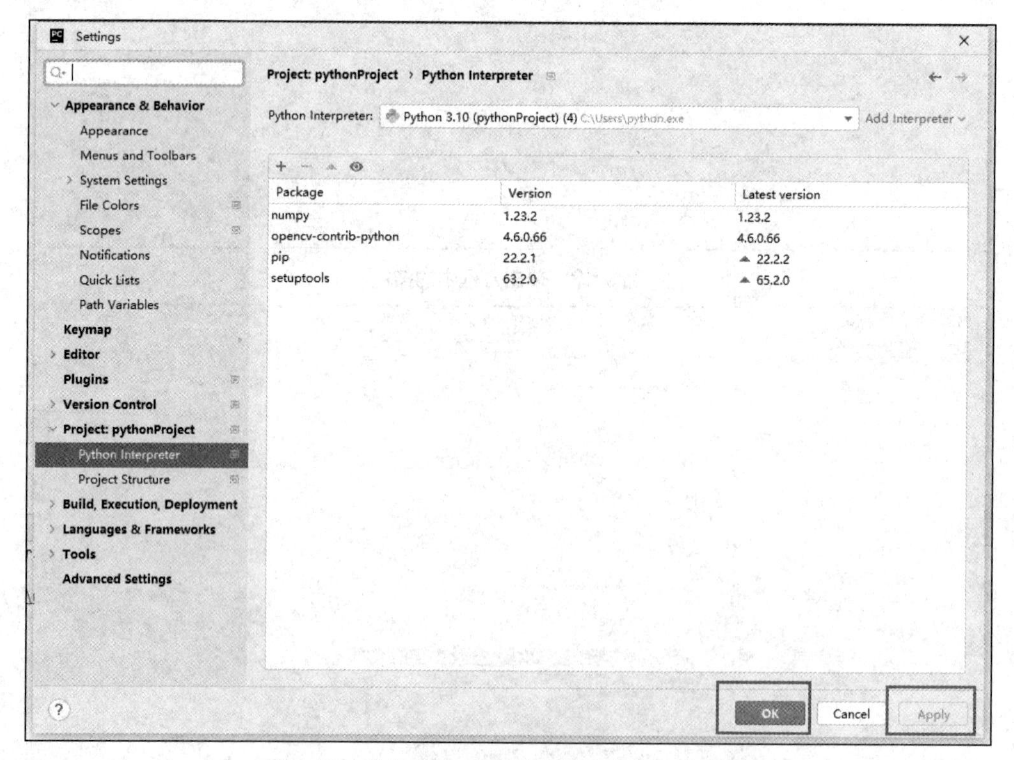

图 3.16 单击“Apply”按钮后单击“OK”按钮

重新运行导入 OpenCV 库的代码，不再报错，如图 3.17 所示。OpenCV 成功导入。

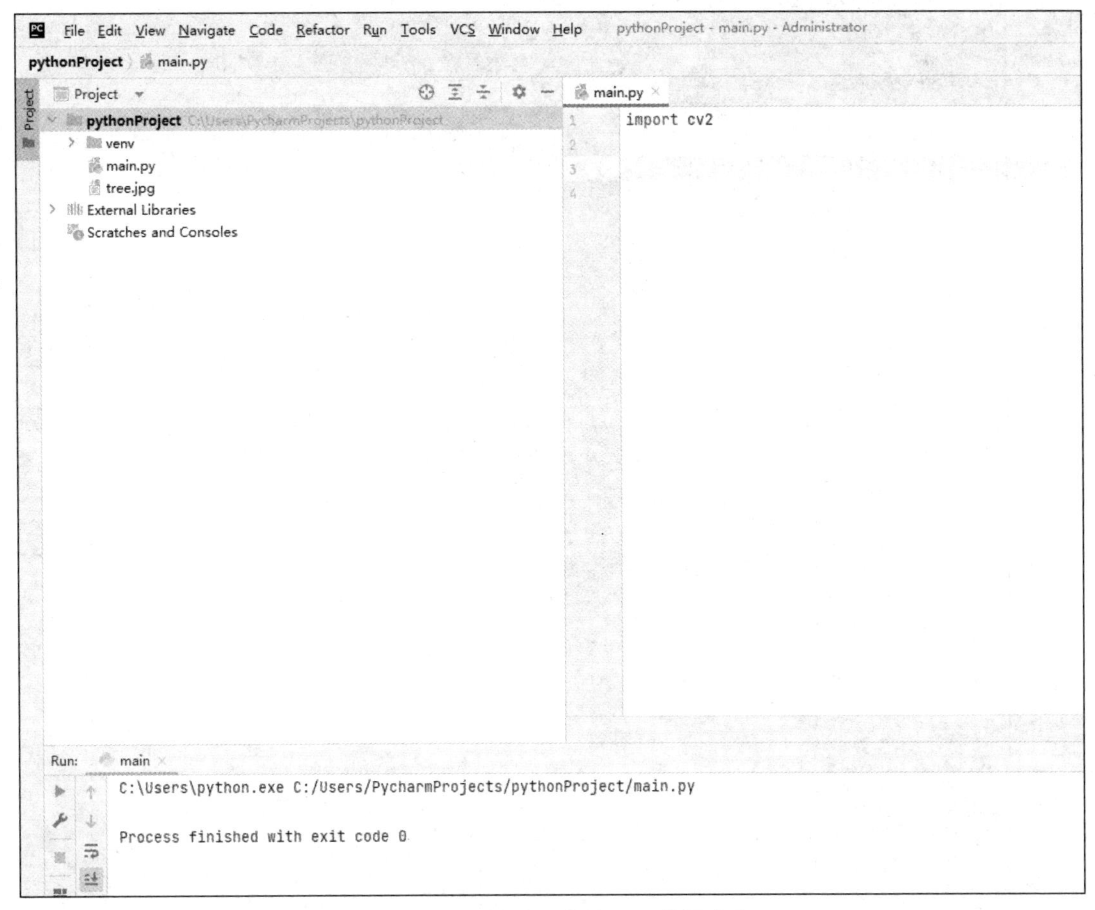

图 3.17　再次运行 main.py，编译成功

3.2　读取图像

要处理一张图像，最先要做的就是读取该图像。OpenCV 提供 imread()方法，读取后使用 print()输出图像。

代码示例 3-2：读取并输出图像。

```
import cv2

img=cv2.imread('tree.jpg')
print(img)
```

图像输出结果如图 3.18 所示。

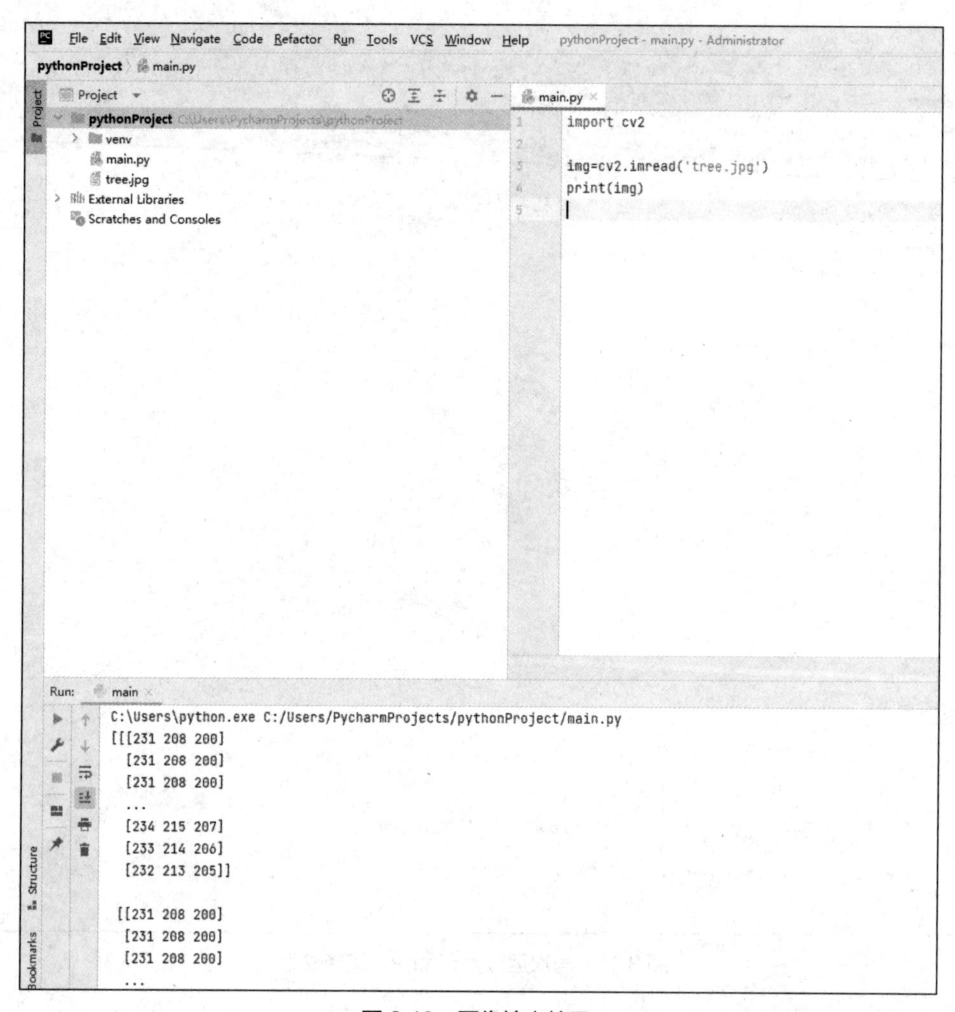

图 3.18　图像输出结果

3.3　显示图像

由图 3.18 可以看出，读取图像之后输出的结果是一组组的数字。如果能够把图像直接显示出来，就更加直观了。OpenCV 提供了 imshow()、waitKey()、destroyAllWindows()方法用以显示图像。

代码示例 3-3：显示图像。

```
import cv2

img=cv2.imread('tree.jpg')
cv2.imshow('tree',img)
cv2.waitKey()
cv2.destroyAllWindows()
```

图像显示结果如图 3.19 所示。

图 3.19　图像显示结果

3.4　保存图像

对图像进行一系列处理后，需要保存处理结果。因此，OpenCV 提供了用于指定路径、保存图像的 imwrite()方法。imwrite()方法能够将图像保存至指定位置。

代码示例 3-4：保存图像。

```
import cv2

img=cv2.imread('tree.jpg')
cv2.imwrite('E:/tree_1.jpg',img)
```

保存图像结果如图 3.20 所示，运行代码后，打开 E 盘，即可看到 tree_1.jpg 文件。

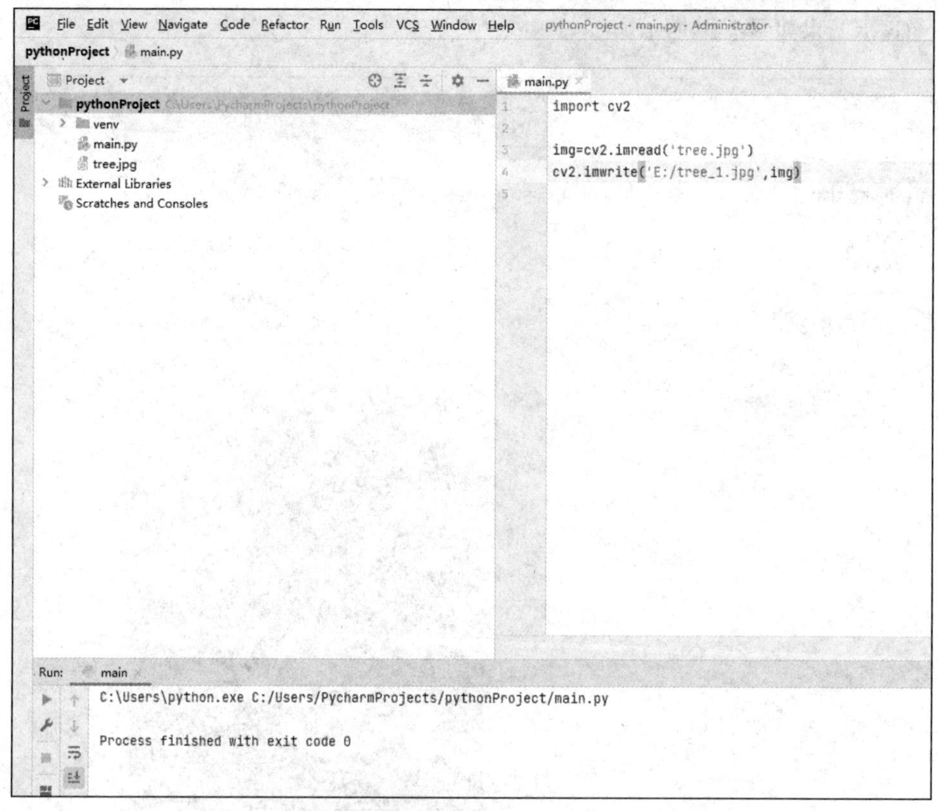

图 3.20 保存图像结果

3.5 图像属性

获取图像的属性对图像处理有着极大的帮助。OpenCV 提供了 shape、size、dtype 这 3 个常用的图像属性，它们的具体含义如下。

（1）shape：属性获取结果是一个数组，若是灰度图像，则数组为(垂直像素,水平像素)；若是彩色图像，则数组为(垂直像素,水平像素,通道数)。

（2）size：图像包含的像素个数，其值为“垂直像素×水平像素×通道数”，灰度图像的通道数为 1。

（3）dtype：图像的数据类型。

代码示例 3-5：获取图像属性。

```
import cv2

image_Color = cv2.imread('tree.jpg')
print('获取彩色图像的属性：')
print('shape =', image_Color.shape)
print('size =', image_Color.size)
```

```
print('dtype =', image_Color.dtype)
image_Gray = cv2.imread('tree.jpg', 0)
print('获取灰度图像的属性：')
print('shape =', image_Gray.shape)
print('size =', image_Gray.size)
print('dtype =', image_Gray.dtype)
```

获取图像属性结果如图 3.21 所示。

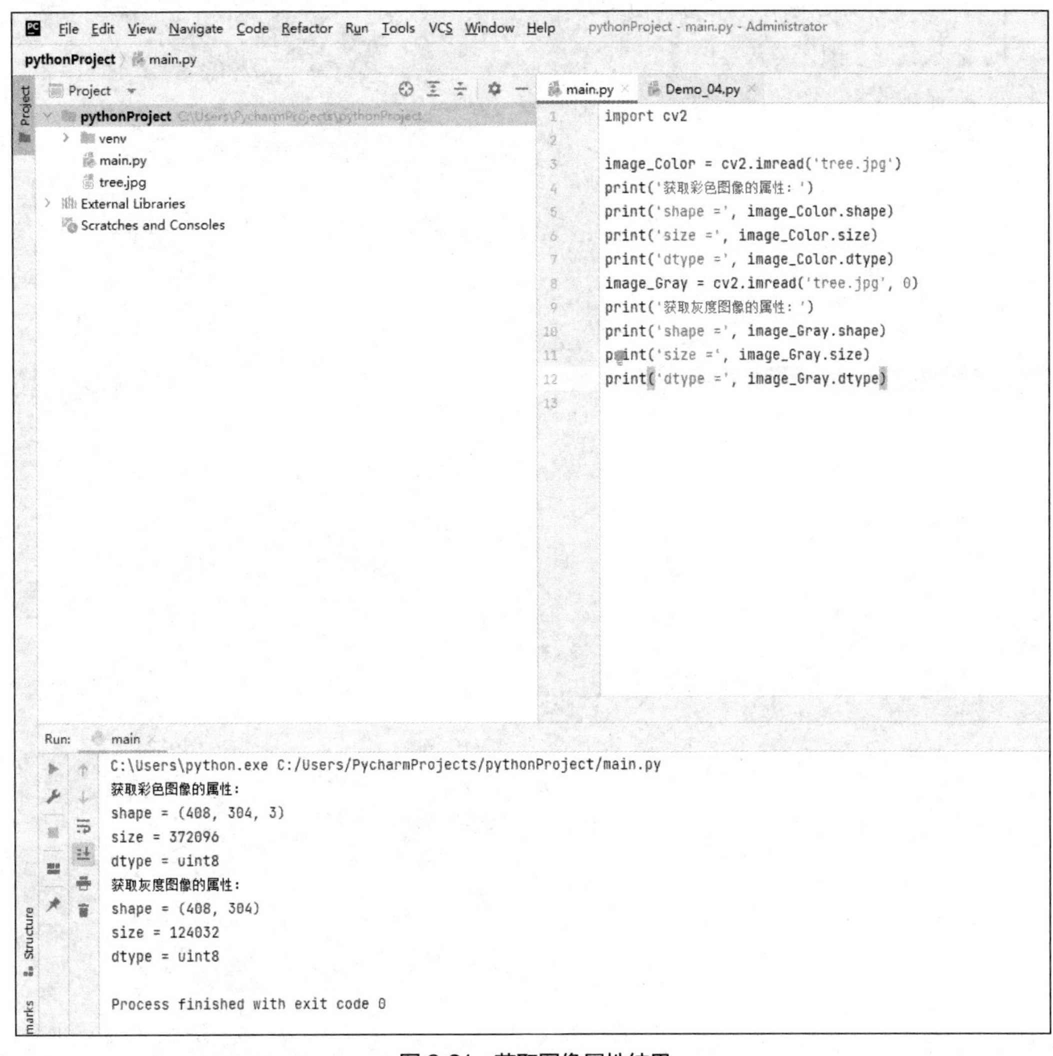

图 3.21　获取图像属性结果

3.6　本章小结

本章首先带领读者导入 OpenCV 库，为图像处理配置环境；之后详细介绍图像处理的基本操作以及 3 个常用图像属性。每一步图像处理均配有详细代码与运行截图，辅助读者实践。需要特别注意的一点是，在显示图像的代码中，使用 imshow()方法后要紧跟着使用 waitKey()方法。

3.7 习题

自行下载一张网络图片，并进行以下操作。

1. 显示其彩色图像与灰度图像。
2. 将显示的灰度图像保存到 C 盘。
3. 输出彩色图像与灰度图像的属性。

第 4 章

使用 OpenCV 和 NumPy 操作像素

NumPy（Numerical Python，数字化 Python）是用于科学计算的基础扩展库，它本身并没有提供很多高级的数据分析功能，却是数据分析和科学计算领域 SciPy、Pandas、sklearn 等众多扩展库应用的必备扩展库之一。它不但能够完成科学计算的任务，而且能够被用作高效的多维数据容器，可用于存储和处理大型矩阵。NumPy 提供了高效存储和操作密集数据缓存的接口，能够保存任意类型的数据。要导入 NumPy 可以使用命令：import numpy as np。

本章学习目标：

（1）了解 NumPy 与像素的基本知识；

（2）掌握数组的创建及索引方法；

（3）掌握数组的基本操作方法；

（4）掌握图像的创建、拼接、修改方法。

4.1 NumPy 与像素

NumPy 是 Python 语言的一个扩展程序库，支持不同维度数组与矩阵运算，此外也针对数组运算提供大量数学函数。NumPy 的前身 Numeric 最早是由吉姆·胡古宁（Jim Hugunin）与协作者共同开发的，2005 年，特拉维斯·奥列芬特（Travis Oliphant）在 Numeric 中融入了另一个同性质的程序库 Numarray 的特色，并加入其他扩展而开发了 NumPy。NumPy 开放源代码，并且由许多协作者共同维护开发。NumPy 是一个运行速度非常快的数学库，主要用于数组计算，包含强大的 *N* 维数组对象 ndarray、广播功能函数、整合 C/C++/FORTRAN 代码的工具，以及线性代数、傅里叶变换、随机数生成等功能。

NumPy 通常与 SciPy（Scientific Python，科学 Python）和 Matplotlib（绘图库）一起使用，这种组合广泛用于替代 MATLAB，是一个强大的科学计算环境。

SciPy 是一个开源的 Python 算法库和数学工具包，包含的模块有最优化、线性代数、积分、插值、特殊函数、快速傅里叶变换、信号处理和图像处理、常微分方程求解和其他科学与工程中常用的计算。

Matplotlib 是 Python 编程语言及其数学扩展库 NumPy 的可视化操作界面。它为利用通用的图形用户界面工具包，如 Tkinter、wxPython、Qt 或 GTK+等实现嵌入式绘图提供了应用程序接口（Application Programming Interface，API）。

数据类型对象（numpy.dtype 类的实例）用于描述与数组对应的内存区域是如何使用的，它描述了数据的以下几个方面：

- 数据的类型（整数、浮点数或者 Python 对象）；
- 数据的大小（例如，整数使用多少字节存储）；
- 数据的字节顺序（小端法或大端法）；
- 结构化数据的字段名称、每个字段的数据类型和每个字段所取的内存块；
- 子数组的形状和数据类型。

NumPy 的数据类型如表 4.1 所示。

表 4.1 NumPy 的数据类型

数据类型	描述
bool_	布尔型（True 或者 False）
int_	默认整型（类似于 C 语言中的 long、int32 或 int64）
intc	与 C 语言中的 int 类型一样，一般是 int32 或 int 64
intp	用于索引的整型（类似于 C 语言中的 ssize_t，一般情况下仍然是 int32 或 int64）
int8	整数（−128～127）
int16	整数（−32768～32767）
int32	整数（−2147483648～2147483647）
int64	整数（−9223372036854775808～9223372036854775807）

续表

数据类型	描述
uint8	无符号整数（0～255）
uint16	无符号整数（0～65535）
uint32	无符号整数（0～4294967295）
uint64	无符号整数（0～18446744073709551615）
float_	float64 类型的简写
float16	半精度浮点型，包括 1 个符号位、5 个指数位、10 个尾数位
float32	单精度浮点型，包括 1 个符号位、8 个指数位、23 个尾数位
float64	双精度浮点型，包括 1 个符号位、11 个指数位、52 个尾数位
complex_	complex128 类型的简写，即 128 位复数
complex64	复数，表示双 32 位浮点数（实数部分和虚数部分）
complex128	复数，表示双 64 位浮点数（实数部分和虚数部分）

NumPy 数组的维数称为秩（rank），秩就是轴的数量，一维数组的秩为 1，二维数组的秩为 2，依此类推。

在 NumPy 中，每一个线性的数组称为一个轴（axis），也就是一个维度（dimensions）。比如说，二维数组相当于两个一维数组，其中第一个一维数组中每个元素又是一个一维数组。所以一维数组就是 NumPy 中的轴（axis），而轴的数量——秩，就是数组的维数。

很多时候可以声明 axis。axis=0，表示沿着第 0 轴进行操作，即对每一列进行操作；axis=1，表示沿着第 1 轴进行操作，即对每一行进行操作。NumPy 的数组中比较重要的 ndarray 对象的属性如表 4.2 所示。

表 4.2　NumPy 数组的 ndarray 对象属性

属性	说明
ndarray.ndim	秩，即轴的数量或维度的数量
ndarray.shape	数组的维度，对于矩阵，描述为 n 行 m 列
ndarray.size	数组元素的总个数，相当于.shape 中 n*m 的值
ndarray.dtype	ndarray 对象的元素类型
ndarray.itemsize	ndarray 对象中每个元素的大小，以字节为单位
ndarray.flags	ndarray 对象的内存信息
ndarray.real	ndarray 元素的实部
ndarray.imag	ndarray 元素的虚部
ndarray.data	包含实际数组元素的缓冲区，由于我们一般通过数组的索引获取元素，因此通常不需要使用这个属性。

像素是指组成图像的小方格，这些小方格各自有明确的位置和被分配的色彩数值，小方格的颜色和位置就决定该图像所呈现出来的样子。

可以将像素视为整个图像中不可分割的单位或者元素。不可分割的意思是它不能够再被切割成更小单位抑或元素。每一个点阵图像都包含一定量的像素。

从像素的思想又派生出几个概念，如体素（voxel）、纹素（texel）和曲面元素（surfel），它们被用于计算机图形学和图像处理应用。

我们所说的像素包括在一幅可见的图像（如打印出来的一页）中的像素、用电子信号表示的像素、用数字表示的像素、显示器屏幕上的像素，或者数码相机（感光元件）中的像素。在专业领域还有很多其他的例子，描述这些像素的有一些更为精确的同义词，如画素、采样点、字节、比特、点、斑、超集、三合点、条纹集、窗口等。

我们也可以抽象地讨论像素，特别是使用像素来衡量解析度（也称分辨率）时，如 2400 像素每英寸，或者 640 像素每线。一幅图像中的像素数有时被称为图像解析度，虽然解析度有一个更为确切的定义。用来表示一幅图像的像素越多，视觉效果就越真实。

当图片尺寸以像素为单位时，我们需要指定其固定的分辨率，才能将图片尺寸转换为实际尺寸。例如，大多数网页制作常用图片分辨率为 72，即 72 像素每英寸，1 英寸等于 2.54 厘米，那么通过换算可以得出每厘米有 28 像素，因此 15 厘米×15 厘米的图片，相当于 420 像素×420 像素。

4.2 创建数组

numpy.empty()用于创建一个指定形状（shape）、数据类型（dtype）且未初始化的数组，其参数如表 4.3 所示。numpy.empty()使用格式如下：

```
numpy.empty(shape, dtype = float, order = 'C')
```

表 4.3 numpy.empty()参数

参数	描述
shape	数组形状
dtype	数据类型，可选
order	有'C'和'F'两个选项，分别代表行优先和列优先，即在计算机内存中存储元素的顺序

代码示例 4-1：创建未初始化的数组。

```
import numpy as np
x_emp = np.empty([3,2], dtype = int)
print (x_emp)
```

输出结果如图 4.1 所示。

```
[[-277360984        438]
 [      1139          0]
 [-277360888        438]]

Process finished with exit code 0
```

图 4.1 代码示例 4-1 输出结果

numpy.zeros()用于创建指定大小的数组，数组元素以 0 来填充，其参数如表 4.4 所示。numpy.zeros()使用格式如下：

```
numpy.zeros(shape, dtype = float, order = 'C')
```

表 4.4　numpy.zeros()参数

参数	描述
shape	数组形状
dtype	数据类型，可选
order	'C'用于 C 的行数组，'F'用于 FORTRAN 的列数组

代码示例 4-2：创建指定大小的数组。

```
import numpy as np

# 默认为浮点数
x = np.zeros(4)
print(x)

# 设置类型为整数
y = np.zeros((3,), dtype=int)
print(y)

# 自定义类型
z = np.zeros((2, 2), dtype=[('x', 'i4'), ('y', 'i4')])
print(z)
```

输出结果如图 4.2 所示。

代码示例 4-3：使用 np.ones()创建用 1 填充的数组。

```
import numpy as np
n = np.ones((3, 3), np.uint8)
print(n)
```

输出结果如图 4.3 所示。

```
[0. 0. 0. 0.]
[0 0 0]
[[(0, 0) (0, 0)]
 [(0, 0) (0, 0)]]

Process finished with exit code 0
```

图 4.2　代码示例 4-2 输出结果

```
[[1 1 1]
 [1 1 1]
 [1 1 1]]

Process finished with exit code 0
```

图 4.3　代码示例 4-3 输出结果

代码示例 4-4：综合练习。练习内容：随机生成 10 个 1～3 的整数，数组大小 size 为空时则随机返回一个范围内的整数，随机生成 4 以内 2 行 5 列的二维数组。

```
import numpy as np
n1 = np.random.randint(1, 4, 10)
```

```
print('随机生成 10 个 1～3 的整数：')
print(n1)
n2 = np.random.randint(8, 10)
print('数组大小 size 为空时则随机返回一个范围内的整数：')
print(n2)
n3 = np.random.randint(4, size=(2, 5))
print('随机生成 4 以内 2 行 5 列的二维数组')
print(n3)
```

输出结果如图 4.4 所示。

```
随机生成10个1～3的整数：
[3 2 3 3 3 2 1 1 2 2]
数组大小size 为空时则随机返回一个范围内的整数：
8
随机生成4以内2行5列的二维数组
[[1 0 2 3 0]
 [3 2 1 3 3]]

Process finished with exit code 0
```

图 4.4　代码示例 4-4 输出结果

4.3　操作数组

代码示例 4-5：数组加法。数组的加法通过 np.array()与加法运算符实现。

```
import numpy as np
ar_1 = np.array([5, 7])
ar_2 = np.array([7, 8])
ar_3=ar_1+ar_2
print(ar_3)
```

输出结果如图 4.5 所示。

代码示例 4-6：数组减法。数组的减法通过 np.array()与减法运算符实现。

```
import numpy as np
ar_1 = np.array([5, 7])
ar_2 = np.array([2, 3])
ar_3=ar_1-ar_2
print(ar_3)
```

输出结果如图 4.6 所示。

```
[12 15]

Process finished with exit code 0
```

图 4.5　代码示例 4-5 输出结果

```
[3 4]

Process finished with exit code 0
```

图 4.6　代码示例 4-6 输出结果

代码示例 4-7：数组乘法。数组的乘法通过 np.array()与乘法运算符实现。

```
import numpy as np
ar_1 = np.array([5, 7])
ar_2 = np.array([2, 3])
ar_3=ar_1*ar_2
print(ar_3)
```

输出结果如图 4.7 所示。

代码示例 4-8：数组除法。数组的除法通过 np.array()与除法运算符实现。

```
import numpy as np
ar_1 = np.array([10, 9])
ar_2 = np.array([5, 3])
ar_3=ar_1/ar_2
print(ar_3)
```

输出结果如图 4.8 所示。

```
[10 21]

Process finished with exit code 0
```

图 4.7　代码示例 4-7 输出结果

```
[2. 3.]

Process finished with exit code 0
```

图 4.8　代码示例 4-8 输出结果

4.4　创建图像

在 OpenCV 中，黑白图像的本质是一个二维数组，彩色图像的本质是一个三维数组。数组中的元素就是图像对应位置的像素值。因此修改图像像素的本质就是修改数组。反之，修改数组的值就能够修改图像。

代码示例 4-9：创建纯黑图像。创建图像通过创建数组命令来实现，图像颜色通过数组的值来控制。

```
import cv2
import numpy as np

width = 300                     # 图像的宽
height = 200                    # 图像的高
image = np.zeros((height, width), np.uint8)
cv2.imshow("image", image)  # 显示图像
cv2.waitKey()                   # 按键盘上的任意键
cv2.destroyAllWindows()         # 关闭所有窗体
```

运行结果如图 4.9 所示。

代码示例 4-10：创建纯白图像。创建图像通过创建数组命令来实现，图像颜色通过数组的值来控制。

```
import cv2
import numpy as np

width = 300                         # 图像的宽
height = 200                        # 图像的高
# 创建指定宽高、单通道、像素值都为 255 的图像
image = np.ones((height, width), np.uint8)*255
cv2.imshow("image", image)  # 显示图像
cv2.waitKey()                       # 按键盘上的任意键
cv2.destroyAllWindows()             # 关闭所有窗体
```

运行结果如图 4.10 所示。

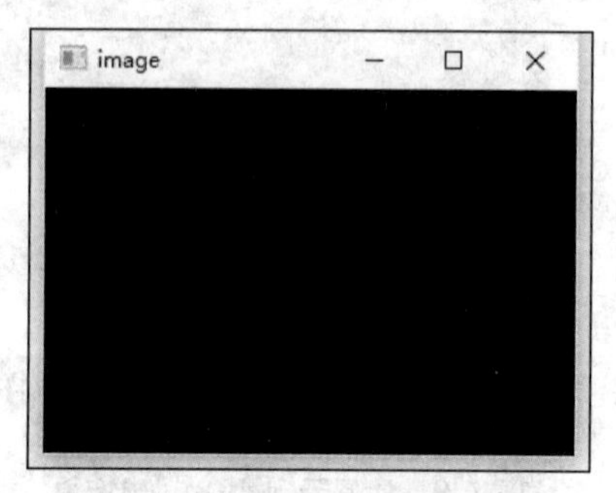

图 4.9　代码示例 4-9 运行结果

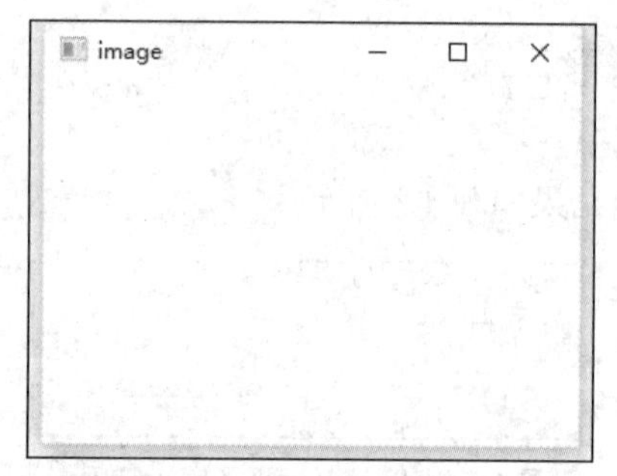

图 4.10　代码示例 4-10 运行结果

代码示例 4-11：在白色图像内部绘制黑色矩形。创建图像通过创建数组命令来实现，图像颜色通过数组的值来控制。绘制图像通过改变数组特定元素的值来实现。

```
import cv2
import numpy as np

width = 300
height = 300

image = np.ones((height, width), np.uint8)*255

image[100:150, 150:200] = 0
cv2.imshow("image", image)
cv2.waitKey()
cv2.destroyAllWindows()
```

运行结果如图 4.11 所示。

代码示例 4-12：在白色图像内部绘制黑色竖条。创建图像通过创建数组命令来实现，图像颜色通过数组的值来控制。绘制图像通过改变数组特定元素的值来实现。

```
import cv2
import numpy as np

width = 300    # 图像的宽
height = 300   # 图像的高
```

```
gap=30
# 创建指定宽高、单通道、像素值都为 255 的图像
image = np.ones((height, width), np.uint8)*255
for i in range(0, width, 60):
    image[:, i:i + gap] = 0
cv2.imshow("image", image)
cv2.waitKey()
cv2.destroyAllWindows()
```

运行结果如图 4.12 所示。

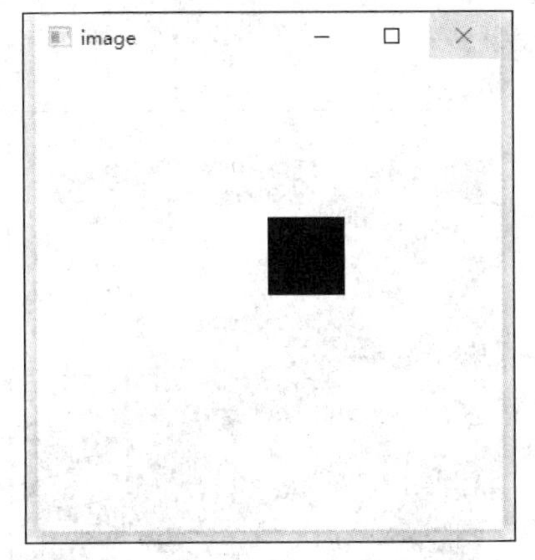

图 4.11　代码示例 4-11 运行结果

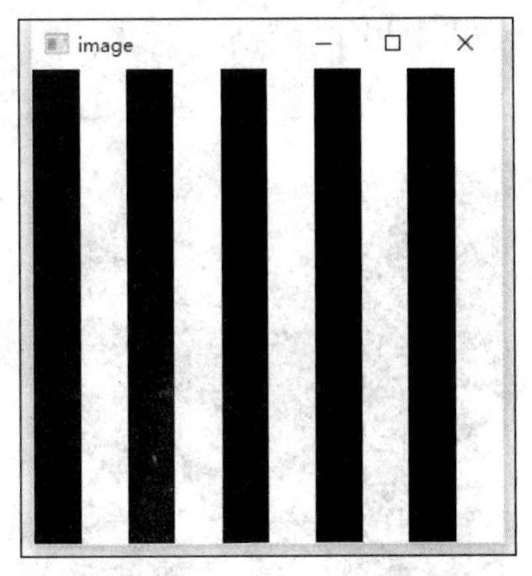

图 4.12　代码示例 4-12 运行结果

代码示例 4-13：创建包含蓝、绿、红三种颜色的图像。创建图像通过创建数组命令来实现，图像颜色通过数组的值来控制。绘制图像通过改变数组特定元素的值来实现。

```
import cv2
import numpy as np

width = 300    # 图像的宽
height = 300   # 图像的高
# 创建指定宽高、3 通道、像素值都为 0 的图像
image = np.zeros((height, width, 3), np.uint8)
for i in range(0,100):
    image[:,i,0]=255
for i in range(100,200):
    image[:,i,1] = 255
for i in range(200,300):
    image[:,i,2]=255
cv2.imshow("image", image)
cv2.waitKey()
cv2.destroyAllWindows()
```

运行结果如图 4.13 所示。

代码示例 4-14：创建颜色随机的图像。创建图像通过创建数组命令来实现，图像颜色通过数组的值来控制。绘制图像通过改变数组特定元素的值来实现。

```
import cv2
import numpy as np

width = 300   # 图像的宽
height = 300  # 图像的高

image = np.random.randint(256, size=(height, width), dtype=np.uint8)
cv2.imshow("image", image)
cv2.waitKey()
cv2.destroyAllWindows()
```

运行结果如图 4.14 所示。

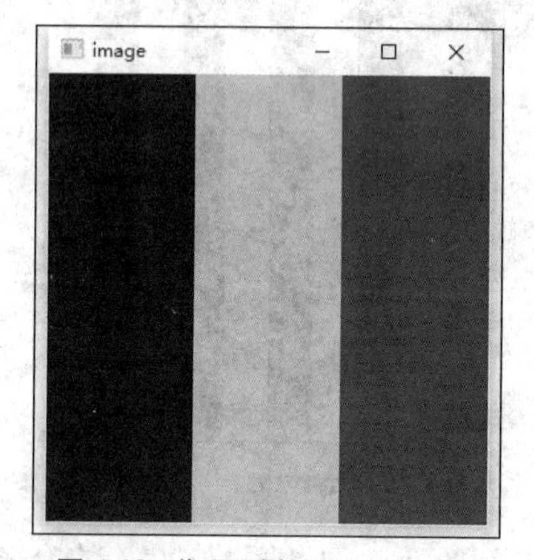

图 4.13　代码示例 4-13 运行结果

图 4.14　代码示例 4-14 运行结果

4.5　拼接图像

Numpy 提供了两个不同的拼接数组的方法，一个是 numpy.hstack()方法，另一个是 numpy.vstack()方法。这两个方法都可以用于拼接图像。其中 numpy.hstack()通过水平堆叠来生成数组，numpy.vstack()通过竖直堆叠来生成数组。

代码示例 4-15：使用 numpy.hstack()水平堆叠数组。

```
import numpy as np

a = np.array([[1, 2, 3, 4]])

print('第一个数组：')
print(a)
print('\n')
b = np.array([[5, 6, 7, 8]])

print('第二个数组：')
```

```
print(b)
print('\n')

print('水平堆叠：')
c = np.hstack((a, b))
print(c)
print('\n')
```

运行结果如图 4.15 所示。

代码示例 4-16：使用 numpy.vstack()竖直堆叠数组。

```
import numpy as np

a = np.array([[1, 2, 3, 4]])

print('第一个数组：')
print(a)
print('\n')
b = np.array([[5, 6, 7, 8]])

print('第二个数组：')
print(b)
print('\n')

print('竖直堆叠：')
c = np.vstack((a, b))
print(c)
```

运行结果如图 4.16 所示。

```
第一个数组：
[[1 2 3 4]]


第二个数组：
[[5 6 7 8]]


水平堆叠：
[[1 2 3 4 5 6 7 8]]
```

图 4.15　代码示例 4-15 运行结果

```
第一个数组：
[[1 2 3 4]]


第二个数组：
[[5 6 7 8]]


竖直堆叠：
[[1 2 3 4]
 [5 6 7 8]]
```

图 4.16　代码示例 4-16 运行结果

代码示例 4-17：水平拼接两张图像。水平拼接两张图像通过水平拼接相应数组来实现。

```
import cv2
import numpy as np

width = 300    # 图像的宽
height = 300   # 图像的高

img_tree = cv2.imread("tree.jpg")   # 读取原始图像
```

```
img_tree=cv2.resize(img_tree, (height, width))

image_color = np.zeros((height, width, 3), np.uint8)
for i in range(0, 100):
    image_color[:, i, 0] = 255
for i in range(100, 200):
    image_color[:, i, 1] = 255
for i in range(200, 300):
    image_color[:, i, 2] = 255

img_h = np.hstack((img_tree, image_color))  # 水平拼接两个图像

cv2.imshow("img_h", img_h)  # 展示拼接之后的效果
cv2.waitKey()               # 按任何键盘键后
cv2.destroyAllWindows()     # 释放所有窗体
```

运行结果如图 4.17 所示。

图 4.17 代码示例 4-17 运行结果

代码示例 4-18：竖直拼接两张图像。竖直拼接两张图像通过竖直拼接相应数组来实现。

```
import cv2
import numpy as np

width = 300   # 图像的宽
height = 300  # 图像的高

img_tree = cv2.imread("tree.jpg")  # 读取原始图像
img_tree=cv2.resize(img_tree, (height, width))

image_color = np.zeros((height, width, 3), np.uint8)
for i in range(0, 100):
    image_color[:, i, 0] = 255
for i in range(100, 200):
    image_color[:, i, 1] = 255
for i in range(200, 300):
    image_color[:, i, 2] = 255
```

```
img_v = np.vstack((img_tree, image_color))  # 竖直拼接两个图像

cv2.imshow("img_v", img_v)  # 展示拼接之后的效果
cv2.waitKey()               # 按任何键盘键后
cv2.destroyAllWindows()     # 释放所有窗体
```

运行结果如图 4.18 所示。

图 4.18　代码示例 4-18 运行结果

4.6　修改图像

代码示例 4-19：修改图像指定区域的像素值。本例使用嵌套的 for 循环修改一个矩形区域内数组的值，以达到修改图像的目的。

```
import cv2

image = cv2.imread("tree.jpg")
cv2.imshow("tree", image)              # 显示图片
for i in range(150, 200):
    for j in range(180, 230):
        image[i, j] = [255, 255, 255] # 把区域内的所有像素都修改为白色
cv2.imshow("tree_wi", image)           # 显示修改后图片
cv2.waitKey()
cv2.destroyAllWindows()
```

运行结果如图 4.19 所示。

图 4.19　代码示例 4-19 运行结果

4.7　本章小结

本章重点介绍 NumPy 与像素的基本知识，并使读者了解数组的创建及索引、数组的基本操作和图像的创建等方法，为后续的图像处理应用打下良好的基础。

4.8　习题

1. 创建一个 NumPy 数组，包含 10 个整数成绩。计算这些成绩的平均值和标准差，并输出结果。

2. 创建一个 3 × 3 的零矩阵和一个 3 × 3 的单位矩阵，输出它们的值。

3. 创建一张灰度图，大小为 200 × 200，其中像素值为 0～255 的随机整数。显示这张图像。

4. 创建一张大小为 100 × 100 的黑色图像和一张大小为 100 × 100 的白色图像。将这两张图像竖直拼接在一起，生成一张 200 × 100 的图像，并显示结果。

第5章 使用 OpenCV 绘制图形与文字

本章将介绍如何使用 OpenCV 来绘制图形和文字，这是计算机视觉和图像处理中非常重要的任务。OpenCV 是一个强大的开源计算机视觉库，它提供了丰富的工具和函数，可以用来创建、编辑和处理图像，包括在图像上绘制各种几何形状、文本和标记，以及进行基本的图像处理操作。在本章中，我们将深入探讨如何使用 OpenCV 来完成这些任务。

本章学习目标：

（1）认识 OpenCV 库，了解 OpenCV 的基本使用方法；

（2）学习使用 OpenCV 绘制基本图形，如直线、圆、矩形等；

（3）掌握在图形上添加文字的方法，包括指定字体、大小、颜色等；

（4）了解图像处理中的常用函数，并学习如何将图形和文字与图像进行组合。

5.1 绘制线段

OpenCV 的主要绘图函数如下。

绘制线段：cv2.line()。

绘制圆：cv2.circle()。

绘制矩形：cv2.rectangle()。

绘制椭圆：cv2.ellipse()。

绘制文字：cv2.putText()。

主要参数如下。

img：源图像。

color：需要传入的颜色。

thickness：线条的粗细，默认值是 1。

lineType：线条的类型，连接线、抗锯齿线等。默认情况是连接线。设置为 cv2.LINE_AA 表示抗锯齿线，这样线条看起来会非常平滑。

OpenCV 提供了用于绘制线段的函数：cv2.line()。代码构造如下。（OpenCV 是用 C++编写的，因此 Python 中的 cv2 模块实际上是通过包装器调用 C++代码。因此，cv2.line()在 Python 中的实现实际上是对 C++中的 cv::line()函数的调用。在 C++中，双冒号::是一个运算符，称为作用域解析运算符。它用于指定类、命名空间或枚举类型的成员。）

```
void cv::line   (   InputOutputArray  img,
                    Point    pt1,
                    Point    pt2,
                    const Scalar &    color,
                    int  thickness = 1,
                    int  lineType = LINE_8,
                    int  shift = 0
)
```

使用方法：

```
cv2.line(img, pt1, pt2, color[, thickness[, lineType[, shift]]]) -> img
```

参数如下。

img：图像。

pt1：线段起点。

pt2：线段终点。

color：线段颜色。

thickness：线段宽度。

lineType：线段类型（见表 5.1）。

shift：点坐标中的小数位数。

表 5.1　线段类型

参数值	线段类型
LINE_4 （Python：cv.LINE_4）	4 连接线
LINE_8 （Python：cv.LINE_8）	8 连接线
LINE_AA （Python：cv.LINE_AA）	抗锯齿线

代码示例 5-1：绘制一个白色图像并绘制黑色对角线。

```
import numpy as np
import cv2
# 创建一个白色的图像
img = np.ones((512,512,3), np.uint8)*255
# 画一条 5 像素宽的黑色对角线
cv2.line(img,(0,0),(512,512),(0,0,0),5)
cv2.imshow("img", img)
cv2.waitKey()              # 按任何键盘键后
cv2.destroyAllWindows()    # 释放所有窗体
```

运行结果如图 5.1 所示。

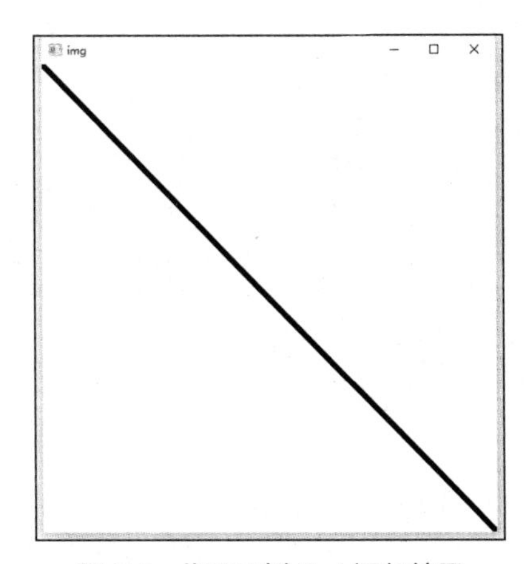

图 5.1　代码示例 5-1 运行结果

5.2　绘制矩形

OpenCV 提供了用于绘制矩形的函数：cv2. rectangle()。代码构造如下。

```
void cv::rectangle  (   InputOutputArray  img,
                        Point    pt1,
                        Point    pt2,
```

```
                                const Scalar &    color,
                                int  thickness = 1,
                                int  lineType = LINE_8,
                                int  shift = 0
)
```

使用方法：

```
cv2.rectangle(img, pt1, pt2, color[, thickness[, lineType[, shift]]]) -> img
cv2.rectangle(img, rec, color[, thickness[, lineType[, shift]]]) -> img
```

参数如下。

img：图像。

pt1：矩形左上角。

pt2：矩形右下角。

color：颜色。

thickness：构成矩形的线条的粗细。若为负值，则意味着函数将绘制一个被填充的矩形。

lineType：构成矩形的线段类型（见表 5.1）。

shift：点坐标中的小数位数。

代码示例 5-2：绘制矩形方框。

```
import numpy as np
import cv2

img = np.ones((300,300,3), np.uint8)*255
cv2.rectangle(img,(184,0),(280,128),(0,0,0),3)

cv2.imshow("img", img)
cv2.waitKey()              # 按任何键盘键后
cv2.destroyAllWindows()    # 释放所有窗体
```

运行结果如图 5.2 所示。

代码示例 5-3：绘制被填充的矩形。

```
import numpy as np
import cv2

img = np.ones((300,300,3), np.uint8)*255
cv2.rectangle(img,(184,0),(280,128),(0,0,0),-1)

cv2.imshow("img", img)
cv2.waitKey()              # 按任何键盘键后
cv2.destroyAllWindows()    # 释放所有窗体
```

运行结果如图 5.3 所示。

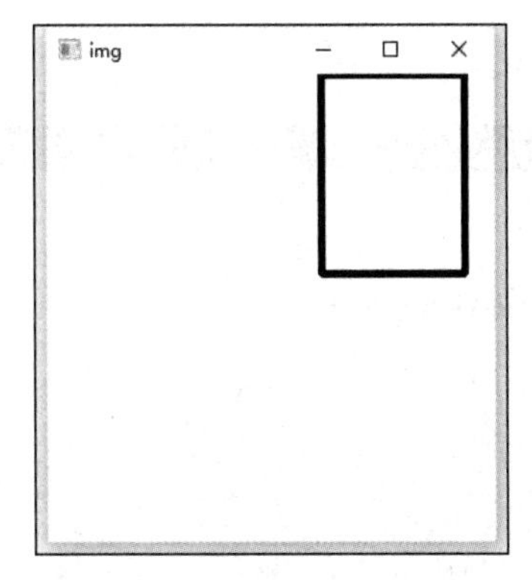

图 5.2　代码示例 5-2 运行结果

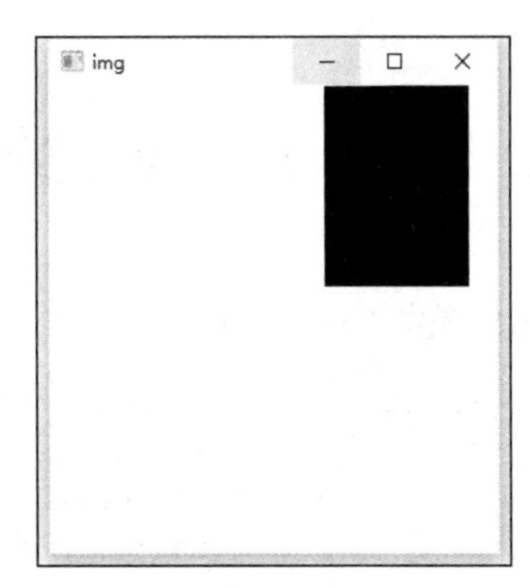

图 5.3　代码示例 5-3 运行结果

代码示例 5-4：绘制空心正方形。

```
import numpy as np
import cv2

img = np.ones((300,300,3), np.uint8)*255
cv2.rectangle(img,(90, 90),(200,200),(0,0,0),3)

cv2.imshow("img", img)
cv2.waitKey()              # 按任何键盘键后
cv2.destroyAllWindows()    # 释放所有窗体
```

运行结果如图 5.4 所示。

代码示例 5-5：绘制实心正方形。

```
import numpy as np
import cv2

img = np.ones((300,300,3), np.uint8)*255
cv2.rectangle(img,( 90, 90),(200,200),(0,0,0),-1)

cv2.imshow("img", img)
cv2.waitKey()              # 按任何键盘键后
cv2.destroyAllWindows()    # 释放所有窗体
```

运行结果如图 5.5 所示。

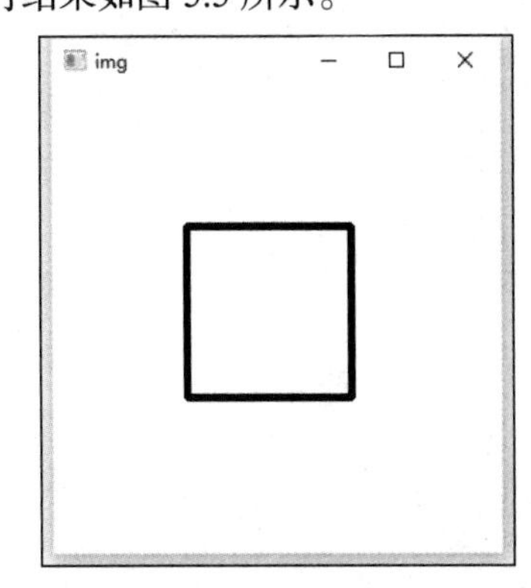

图 5.4　代码示例 5-4 运行结果

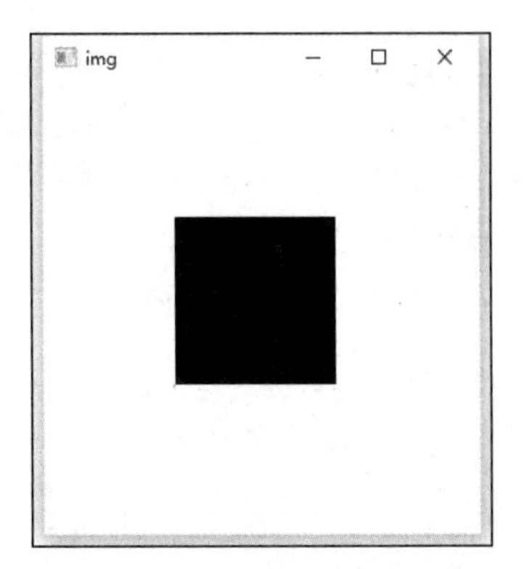

图 5.5　代码示例 5-5 运行结果

5.3 绘制圆

OpenCV 提供了用于绘制圆的函数：cv2.circle()。代码构造如下。

```
void cv::circle (   InputOutputArray  img,
                    Point    center,
                    int  radius,
                    const Scalar &    color,
                    int  thickness = 1,
                    int  lineType = LINE_8,
                    int  shift = 0
)
```

使用方法：

```
cv2.circle(img, center, radius, color[, thickness[, lineType[, shift]]]) ->  img
```

参数如下。

img：图像。

center：圆心。

radius：圆的半径。

color：颜色。

thickness：构成圆的线条的粗细。若为负值，则意味着函数将绘制一个被填充的圆。

lineType：构成圆的线段类型（见表 5.1）。

shift：点坐标中的小数位数。

代码示例 5-6：绘制空心圆。

```
import numpy as np
import cv2

img = np.ones((300,300,3), np.uint8)*255
img = cv2.circle(img, (100, 100), 40, (0, 0, 0), 3)

cv2.imshow("img", img)
cv2.waitKey()              # 按任何键盘键后
cv2.destroyAllWindows()   # 释放所有窗体
```

运行结果如图 5.6 所示。

代码示例 5-7：绘制实心圆。

```
import numpy as np
import cv2

img = np.ones((300,300,3), np.uint8)*255
img = cv2.circle(img, (100, 100), 40, (0, 0, 0), -1)
```

```
cv2.imshow("img", img)
cv2.waitKey()              # 按任何键盘键后
cv2.destroyAllWindows()    # 释放所有窗体
```

运行结果如图 5.7 所示。

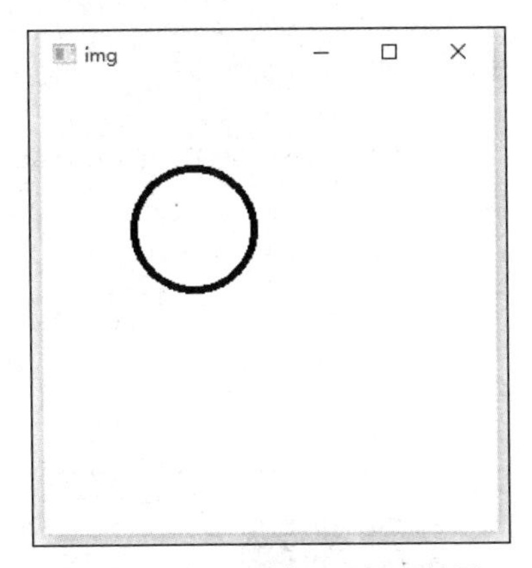

图 5.6　代码示例 5-6 运行结果

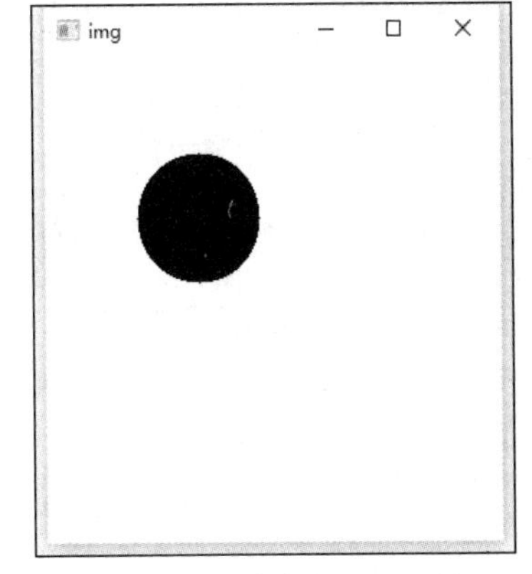

图 5.7　代码示例 5-7 运行结果

代码示例 5-8：绘制多个同心空心圆。

```
import numpy as np
import cv2

img = np.ones((300,300,3), np.uint8)*255

center_X = int(img.shape[1] / 2)
center_Y = int(img.shape[0] / 2)
# r 表示半径；其中，r 的值分别为 0、30、60、90 和 120
for r in range(0, 160, 40):
    # 绘制圆心坐标为(center_X, center_Y)、半径为 r、黑色、线条宽度为 3 的圆
    cv2.circle(img, (center_X, center_Y), r, (0, 0, 0), 5)

cv2.imshow("img", img)
cv2.waitKey()              # 按任何键盘键后
cv2.destroyAllWindows()    # 释放所有窗体
```

运行结果如图 5.8 所示。

代码示例 5-9：绘制多个随机实心圆。

```
import numpy as np
import cv2

# np.ones()：创建一个画布
# (300, 300, 3)：一个 300 × 300，具有 3 个颜色空间（即 Red、Green 和 Blue）的画布
# np.uint8：OpenCV 中的灰度图像和 RGB 图像都是以 uint8 存储的，因此这里的数据类型也是 uint8
img = np.ones((300, 300, 3), np.uint8)*255
# 通过循环绘制 15 个实心圆
for numbers in range(0, 15):
```

```
    # 获得随机的圆心横坐标，这个横坐标在[0, 299]范围内取值
    center_X = np.random.randint(0, high = 300)
    # 获得随机的圆心纵坐标，这个纵坐标在[0, 299]范围内取值
    center_Y = np.random.randint(0, high = 300)
    # 获得随机的半径，这个半径在[11, 70]范围内取值
    radius = np.random.randint(11, high = 71)
    # 获得随机的线条颜色，这个颜色由 3 个在[0, 255]范围内的随机数组成的列表表示
    color = np.random.randint(0, high = 256, size = (3,)).tolist()
    # 绘制圆心坐标为(center_X, center_Y)、半径为 radius、颜色为 color 的实心圆
    cv2.circle(img, (center_X, center_Y), radius, color, -1)
cv2.imshow("img", img) # 显示画布
cv2.waitKey()
cv2.destroyAllWindows()
```

运行结果如图 5.9 所示。

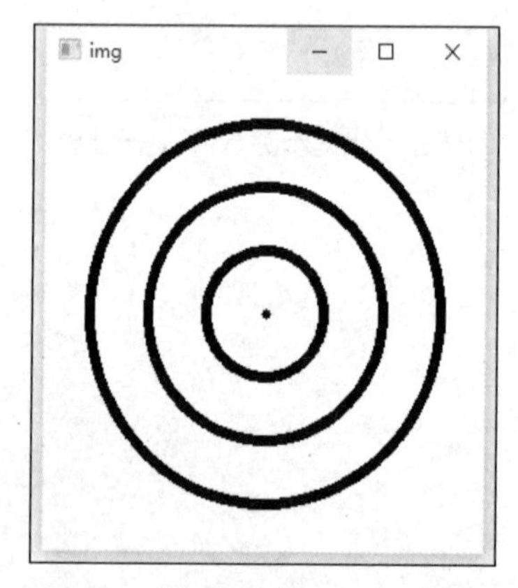

图 5.8　代码示例 5-8 运行结果

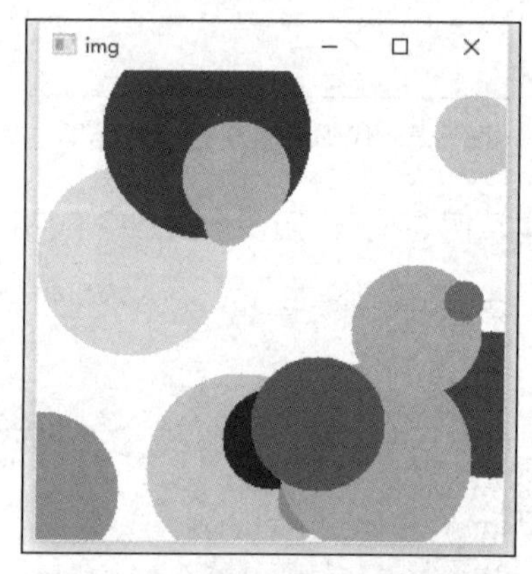

图 5.9　代码示例 5-9 运行结果

代码示例 5-10：绘制多个随机空心圆。

```
import numpy as np
import cv2

# np.ones()：创建一个画布
# (300, 300, 3)：一个 300 × 300，具有 3 个颜色空间（即 Red、Green 和 Blue）的画布
# np.uint8：OpenCV 中的灰度图像和 RGB 图像都是以 uint8 存储的，因此这里的数据类型也是 uint8
img = np.ones((300, 300, 3), np.uint8)*255
# 通过循环绘制 15 个空心圆
for numbers in range(0, 15):
    # 获得随机的圆心横坐标，这个横坐标在[0, 299]范围内取值
    center_X = np.random.randint(0, high = 300)
    # 获得随机的圆心纵坐标，这个纵坐标在[0, 299]范围内取值
    center_Y = np.random.randint(0, high = 300)
    # 获得随机的半径，这个半径在[11, 70]范围内取值
    radius = np.random.randint(11, high = 71)
    # 获得随机的线条颜色，这个颜色由 3 个在[0, 255]范围内的随机数组成的列表表示
    color = np.random.randint(0, high = 256, size = (3,)).tolist()
```

```
    # 绘制圆心坐标为(center_X, center_Y)、半径为 radius、颜色为 color 的空心圆
    cv2.circle(img, (center_X, center_Y), radius, color, 3)
cv2.imshow("img", img) # 显示画布
cv2.waitKey()
cv2.destroyAllWindows()
```

运行结果如图 5.10 所示。

图 5.10　代码示例 5-10 运行结果

5.4　绘制多边形

OpenCV 提供了用于绘制多边形的函数：cv2.polylines()。代码构造如下。

```
void cv::polylines  (   InputOutputArray  img,
                        InputArrayOfArrays    pts,
                        bool    isClosed,
                        const Scalar &     color,
                        int  thickness = 1,
                        int  lineType = LINE_8,
                        int  shift = 0
)
```

使用方法：

```
cv2.polylines(img, pts, isClosed, color[, thickness[, lineType[, shift]]]) -> img
```

参数如下。

img：图像。

pts：多边形曲线的数组。

isClosed：标志，指示绘制的形状是否封闭。

color：颜色。

thickness：构成多边形的线条的粗细。

lineType：构成多边形的线段类型（见表 5.1）。

shift：点坐标中的小数位数。

代码示例 5-11：绘制多边形。

```
import numpy as np # 导入 Python 中的 numpy 模块
import cv2


img = np.ones((300, 300, 3), np.uint8)*255
points=np.array([[100, 50], [200, 50], [250, 250], [50, 250]], np.int32)

img = cv2.polylines(img, [points], True, (0, 0, 0), 5)
# 在画布上按顺序连接四个点
cv2.imshow("img", img) # 显示画布
cv2.waitKey()
cv2.destroyAllWindows()
```

运行结果如图 5.11 所示。

代码示例 5-12：绘制不封闭四边形。

```
import numpy as np # 导入 Python 中的 numpy 模块
import cv2


img = np.ones((300, 300, 3), np.uint8)*255
points=np.array([[100, 50], [200, 50], [250, 250], [50, 250]], np.int32)

img = cv2.polylines(img, [points], False, (0, 0, 0), 5)
# 在画布上按顺序连接前三个点
cv2.imshow("img", img) # 显示画布
cv2.waitKey()
cv2.destroyAllWindows()
```

运行结果如图 5.12 所示。

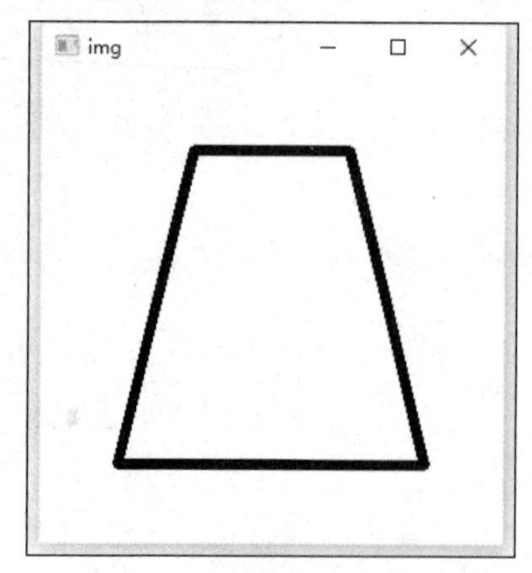

图 5.11　代码示例 5-11 运行结果

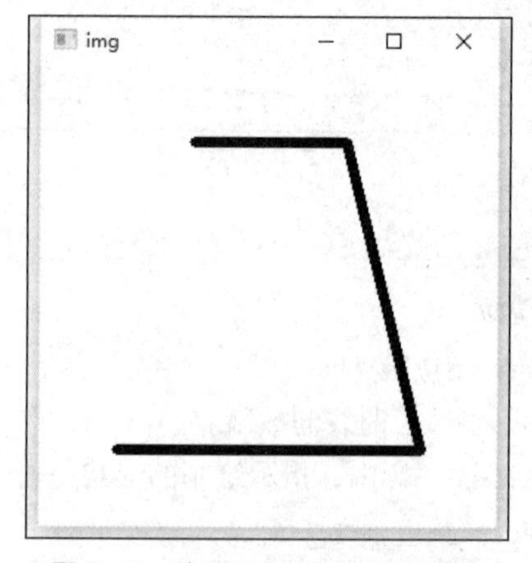

图 5.12　代码示例 5-12 运行结果

5.5　绘制文字

OpenCV 提供了用于绘制文字的函数：cv2. putText()。代码构造如下。

```
void cv::putText    (    InputOutputArray  img,
                         const String &    text,
                         Point      org,
                         int  fontFace,
                         double   fontScale,
                         Scalar   color,
                         int  thickness = 1,
                         int  lineType = LINE_8,
bool      bottomLeftOrigin = false
)
```

使用方法：

```
cv2.putText(img, text, org, fontFace, fontScale, color[, thickness[, lineType[,
bottomLeftOrigin]]]) -> img
```

参数如下。

img：图像。

text：添加的文字。

org：文字的左下角坐标。

fontFace：字体样式（见表 5.2）。

fontScale：字体大小。

color：颜色。

thickness：构成文字的线条的粗细。

lineType：构成文字的线段类型（见表 5.1）。

bottomLeftOrigin：为真则文字的原点在左下角，否则在左上角。

表 5.2　字体样式

属性值	字体样式
FONT_HERSHEY_SIMPLEX （Python：cv.FONT_HERSHEY_SIMPLEX）	正常大小的无衬线字体
FONT_HERSHEY_PLAIN （Python：cv.FONT_HERSHEY_PLAIN）	小号无衬线字体
FONT_HERSHEY_DUPLEX （Python：cv.FONT_HERSHEY_DUPLEX）	复杂的正常大小无衬线字体
FONT_HERSHEY_COMPLEX （Python：cv.FONT_HERSHEY_COMPLEX）	正常大小的衬线字体
FONT_HERSHEY_TRIPLEX （Python：cv.FONT_HERSHEY_TRIPLEX）	复杂的正常大小衬线字体

续表

属性值	字体样式
FONT_HERSHEY_COMPLEX_SMALL （Python：cv.FONT_HERSHEY_COMPLEX_SMALL）	小号衬线字体
FONT_HERSHEY_SCRIPT_SIMPLEX （Python：cv.FONT_HERSHEY_SCRIPT_SIMPLEX）	手写风格字体
FONT_HERSHEY_SCRIPT_COMPLEX （Python：cv.FONT_HERSHEY_SCRIPT_COMPLEX）	复杂的手写风格字体
FONT_ITALIC （Python：cv.FONT_ITALIC）	斜体字体

代码示例 5-13：各种字体比较。

```
import cv2
import numpy as np

img = np.ones((300,300,3), np.uint8)*255
info = 'Hello World'
cv2.putText(img, text=info, org=(10, 25), fontFace=cv2.FONT_HERSHEY_SIMPLEX, fontScale=1,color=(0, 0, 0), thickness=2)  # putText各参数依次是图像、添加的文字、左上角坐标、字体、字体大小、颜色黑、字体粗细
cv2.putText(img, text=info, org=(10, 30*2), fontFace=cv2.FONT_HERSHEY_PLAIN, fontScale=1,color=(0, 0, 0), thickness=2)  # putText各参数依次是图像、添加的文字、左上角坐标、字体、字体大小、颜色黑、字体粗细
cv2.putText(img, text=info, org=(10, 30*3), fontFace=cv2.FONT_HERSHEY_COMPLEX, fontScale=1,color=(0, 0, 0), thickness=2)  # putText各参数依次是图像、添加的文字、左上角坐标、字体、字体大小、颜色黑、字体粗细
cv2.putText(img, text=info, org=(10, 30*4), fontFace=cv2.FONT_HERSHEY_TRIPLEX, fontScale=1,color=(0, 0, 0), thickness=2)  # putText各参数依次是图像、添加的文字、左上角坐标、字体、字体大小、颜色黑、字体粗细
cv2.putText(img, text=info, org=(10, 30*5), fontFace=cv2.FONT_HERSHEY_COMPLEX_SMALL, fontScale=1,color=(0, 0, 0), thickness=2)  # putText各参数依次是图像、添加的文字、左上角坐标、字体、字体大小、颜色黑、字体粗细
cv2.putText(img, text=info, org=(10, 30*6), fontFace=cv2.FONT_HERSHEY_SCRIPT_SIMPLEX, fontScale=1,color=(0, 0, 0), thickness=2)  # putText各参数依次是图像、添加的文字、左上角坐标、字体、字体大小、颜色黑、字体粗细
cv2.putText(img, text=info, org=(10, 30*7), fontFace=cv2.FONT_HERSHEY_SCRIPT_COMPLEX, fontScale=1,color=(0, 0, 0), thickness=2)  # putText各参数依次是图像、添加的文字、左上角坐标、字体、字体大小、颜色黑、字体粗细
cv2.putText(img, text=info, org=(10, 30*8), fontFace=cv2.FONT_ITALIC, fontScale=1, color=(0, 0, 0), thickness=2)  # putText 各参数依次是图像、添加的文字、左上角坐标、字体、字体大小、颜色黑、字体粗细

cv2.imshow("img", img)
cv2.waitKey()  # 按任何键盘键后
cv2.destroyAllWindows()  # 释放所有窗体
```

运行结果如图 5.13 所示。

图 5.13　代码示例 5-13 运行结果

代码示例 5-14：在图像上绘制文字。

```
    import numpy as np
    import cv2

    info = 'Hello World'
    img = cv2.imread("tree.jpg")  # 读取原始图像
    cv2.putText(img, text=info, org=(10, 25), fontFace=cv2.FONT_HERSHEY_SIMPLEX, font
Scale=1,color=(0, 0, 0), thickness=2)

    cv2.imshow("img", img)
    cv2.waitKey()                  # 按任何键盘键后
    cv2.destroyAllWindows()        # 释放所有窗体
```

运行结果如图 5.14 所示。

图 5.14　代码示例 5-14 运行结果

5.6 本章小结

本章主要介绍了使用 OpenCV 库绘制图形和文字的方法。通过本章的学习，读者可以掌握 OpenCV 库的基本使用方法和图形绘制技巧，实现各种图形和文字的绘制，并能够将其应用到图像处理中，为后续图像处理任务打下基础。同时，本章还介绍了常用的图像处理函数，为读者后续深入学习图像处理提供了基础。

5.7 习题

1. 绘制一个正方形，并且将其填充为绿色。
2. 绘制一个实心圆，圆心坐标为(150, 150)，半径为 50。
3. 在白色背景图像上，添加文字“Hello, world!”，字体为 Arial，大小为 20，颜色为黑色。
4. 将一幅图像转换为灰度图像，然后使用高斯滤波进行平滑处理，最后将处理后的图像保存到文件中。

第 6 章

使用 OpenCV 对图像进行几何变换

本章将介绍如何使用 OpenCV 对图像进行几何变换。OpenCV 提供了两个变换函数，cv2.warpAffine()和 cv2.warpPerspective()，使用这两个函数可以实现所有类型的变换。cv2.warpAffine()接收的参数是 2 × 3 的变换矩阵，而 cv2.warpPerspective()接收的参数是 3 × 3 的变换矩阵。

在 OpenCV 中，仿射变换是一种在保持线和点的比例不变的前提下，对图像进行各种几何变换的方法，包括缩放、翻转、平移、旋转等基本变换。在仿射变换中，图像中的所有平行线在变换后仍然是平行的。这是仿射变换的一个关键特性，它保持了图像中线条的排列关系，即使它们的角度和长度可能发生变化。仿射变换可以用一个 2 × 3 的矩阵来表示，这个矩阵作用于图像中的每个像素。仿射变换被广泛用于图像校正、图像注册，以及构建图像拼接和全景图像等。

本章学习目标：

（1）学习图像几何变换的基本概念，包括缩放、翻转、平移、旋转；

（2）掌握在 OpenCV 框架下实现几何变换的操作方法。

6.1 缩放

缩放是调整图片的大小。OpenCV 使用 cv2.resize()函数对图片大小进行调整，可以手动指定图像的大小，也可以指定比例因子，还可以使用不同的插值方法。对于向下采样（图像缩小），最合适的插值方法是 cv2.INTER_AREA。对于向上采样（图像放大），最好的插值方法是 cv2.INTER_CUBIC（速度较慢）和 cv2.INTER_LINEAR（速度较快）。默认情况下，所使用的插值方法都是 cv2.INTER_AREA。

代码构造如下。

```
void cv::resize (   InputArray   src,
                    OutputArray  dst,
                    Size    dsize,
                    double  fx = 0,
                    double  fy = 0,
                    int  interpolation = INTER_LINEAR
)
```

使用方法：

```
dst = cv2.resize(src, dsize[, dst[, fx[, fy[, interpolation]]]])
```

参数如下。

src：输入图像。

dst：输出图像，其大小为 dsize（当 dsize 非零时）或根据 src.size()、fx 和 fy 计算得到的大小，其类型与 src 相同。

dsize：输出图像大小。

fx：x 轴上的比例因子。

fy：y 轴上的比例因子。

interpolation：插值方式表示码，建议使用默认值。

具体代码如下。

```
import cv2
img = cv2.imread("tree.jpg")
img1 = cv2.resize(img, (200, 200))
img2 = cv2.resize(img, (500, 500))
cv2.imshow("img", img)     # 显示原图
cv2.imshow("img1", img1)   # 显示缩放图像 1
cv2.imshow("img2", img2)   # 显示缩放图像 2
cv2.waitKey()              # 按任何键盘键后
cv2.destroyAllWindows()    # 释放所有窗体
```

原图与运行结果对比如图 6.1、图 6.2 和图 6.3 所示。

图 6.1　原图

图 6.2　缩放后 200×200 的图

图 6.3　缩放后 500×500 的图

6.2　翻转

翻转命令能够让图片绕 x 轴或 y 轴翻转，还能让图片同时绕 x 轴和 y 轴翻转。具体代码如下。

```
import cv2
img = cv2.imread("tree.jpg")  # 读取图像
img=cv2.resize(img, (300, 300))
img1 = cv2.flip(img, 0)       # 绕 x 轴翻转
img2 = cv2.flip(img, 1)       # 绕 y 轴翻转
img3 = cv2.flip(img, -1)      # 同时绕 x 轴、y 轴翻转
cv2.imshow("img", img)        # 显示原图
cv2.imshow("img1", img1)      # 显示翻转之后的图像
cv2.imshow("img2", img2)
cv2.imshow("img3", img3)
cv2.waitKey()                 # 按任何键盘键后
cv2.destroyAllWindows()       # 释放所有窗体
```

运行结果如图 6.4 所示。

（a）原图　（b）绕 x 轴翻转

（c）绕 y 轴翻转　（d）同时绕 x 轴、y 轴翻转

图 6.4　翻转结果

6.3　平移

平移命令能够使图像朝着上、下、左、右等不同的方向移动，还能精确控制移动的距离。具体代码如下。

```
import cv2
import numpy as np
img = cv2.imread("tree.jpg")   # 读取图像
rows = len(img)                # 图像像素行数
cols = len(img[0])             # 图像像素列数
M = np.float32([[1, 0, 80],    # 横坐标向右移动 80 像素
               [0, 1, 180]])   # 纵坐标向下移动 180 像素
dst = cv2.warpAffine(img, M, (cols, rows))
cv2.imshow("img", img)         # 显示原图
cv2.imshow("dst", dst)         # 显示仿射变换效果
cv2.waitKey()                  # 按任何键盘键后
cv2.destroyAllWindows()        # 释放所有窗体
```

原图与运行结果对比如图 6.5 和图 6.6 所示。

图 6.5　原图

图 6.6　平移后的图

6.4　旋转

旋转命令能够使图像旋转。该命令能够指定旋转中心，能够指定顺时针或者逆时针旋转，

能够指定旋转的度数。具体代码如下。

```
import cv2
img = cv2.imread("tree.jpg")    # 读取图像
rows = len(img)                 # 图像像素行数
cols = len(img[0])              # 图像像素列数
center = (rows / 2, cols / 2)  # 图像的中心点
M = cv2.getRotationMatrix2D(center, 50, 0.6)  # 以图像为中心，逆时针旋转 50 度，缩放 0.6 倍
img1 = cv2.warpAffine(img, M, (cols, rows))   # 按照 M 进行仿射
cv2.imshow("img", img)          # 显示原图
cv2.imshow("img1", img1)        # 显示仿射变换效果
cv2.waitKey()                   # 按任何键盘键后
cv2.destroyAllWindows()         # 释放所有窗体
```

原图与运行结果对比如图 6.7 和图 6.8 所示。

图 6.7　原图

图 6.8　旋转缩放后的图

改变旋转角度，具体代码如下。

```
import cv2
img = cv2.imread("tree.jpg")    # 读取图像
rows = len(img)                 # 图像像素行数
cols = len(img[0])              # 图像像素列数
center = (rows / 2, cols / 2)  # 图像的中心点
M = cv2.getRotationMatrix2D(center, -50, 0.6)
img1 = cv2.warpAffine(img, M, (cols, rows))  # 按照 M 进行仿射
cv2.imshow("img1", img1)        # 显示仿射变换效果
cv2.waitKey()                   # 按任何键盘键后
cv2.destroyAllWindows()         # 释放所有窗体
```

运行结果如图 6.9 所示。

图 6.9　旋转缩放后的图

6.5　本章小结

本章主要介绍了几何变换的概念，包括缩放、翻转、平移、旋转等。

OpenCV 提供的常见变换函数中，cv2.warpAffine()可以用于平移、旋转和缩放操作，cv2.flip()可以用于翻转操作，cv2.getPerspectiveTransform()和 cv2.warpPerspective()可以用于透视变换操作。本章演示了如何使用 OpenCV 对图像进行不同类型的几何变换，如缩放、翻转、平移、旋转。

6.6　习题

1. 将任意一张图片向左平移 50 像素。
2. 将任意一张图片逆时针旋转 30 度。
3. 将任意一张图片缩小至原图的一半大小。
4. 对任意一张图片进行镜像翻转（水平翻转）。

第 7 章

使用 OpenCV 进行模板匹配和图像分割

本章将介绍如何使用 OpenCV 对图像进行模板匹配和图像分割。其中模板匹配是在待处理图像（输入图像）中查找出与目标图像（模板图像）最相近的部分，而图像分割则是将前景对象从图像整体中分离提取出来。本章主要利用 OpenCV 提供的 cv2.matchTemplate()函数执行模板匹配，采用 cv2.distanceTransform()、cv2.connectedComponents()和 cv2.watershed()函数执行基于分水岭算法的图像分割，采用 cv2.pyrDown()函数和 cv2.pyrUp()函数完成基于图像金字塔的图像分割和融合。

本章学习目标：

（1）使用 cv2.matchTemplate()函数进行模板匹配及其代码实现；

（2）利用 OpenCV 提供的函数执行基于分水岭算法的图像分割；

（3）完成基于图像金字塔的图像分割和融合。

7.1　模板匹配

模板匹配是将模板图像作为滑块，在输入图像中滑动，逐像素遍历整个输入图像并进行比较，查找出与模板图像最匹配（相似）的部分。模板匹配是目标检测的重要步骤之一。

1. 单目标匹配

单目标匹配是在输入图像中找出一个可能的结果。

cv2.matchTemplate()函数用于执行匹配操作，其基本格式如下。

```
Output = cv2.matchTemplate(imag,temp,method)
```

参数如下。

imag：输入图像，应为 8 位或者 32 位浮点类型图像。

temp：模板图像，数据类型与输入图像相同，且大小不能超过输入图像。

method：匹配方法。

Output：返回结果，若输入图像的大小为 W×H，模板图像大小为 w×h，则 Output 的大小为(W−w+1)×(H−h+1)。

不同的匹配方法会返回不同的匹配结果。

（1）cv2.TM_SQDIFF：以方差结果为依据进行匹配。

（2）cv2.TM_SQDIFF_NORMED：标准（归一化）方差匹配。

（3）cv2.TM_CCOEFF：相关系数匹配。

（4）cv2.TM_CCORR_NORMED：标准（归一化）相关匹配。

（5）cv2.TM_CCORR：相关匹配。

此外，cv2.minMaxLoc()函数用于处理匹配结果，其基本格式如下。

```
min_val,max_val,min_loc,max_loc=cv2.minMaxLoc(src)
```

参数如下。

src：cv2.matchTemplate()的返回结果。

min_val：src 中的最小值，不存在则为空（NULL）。

max_val：src 中的最大值，不存在则为空（NULL）。

min_loc：src 中最小值的位置，不存在则为空（NULL）。

max_loc：src 中最大值的位置，不存在则为空（NULL）。

代码示例 7-1：单目标匹配。

```
import cv2
import numpy as np
import matplotlib.pyplot as plt
img1=cv2.imread('bee.jpg')                        #打开输入图像，默认 BGR 格式
cv2.imshow('original',img1)
temp=cv2.imread('template.jpg')                   #打开模板图像
```

```
cv2.imshow('template',temp)
img1gray=cv2.cvtColor(img1,cv2.COLOR_BGR2GRAY,dstCn=1)    #转换为单通道灰度图像
tempgray=cv2.cvtColor(temp,cv2.COLOR_BGR2GRAY,dstCn=1)    #转换为单通道灰度图像
h,w=tempgray.shape                                        #获得模板图像的高度和宽度
res=cv2.matchTemplate(img1gray,tempgray,cv2.TM_SQDIFF)    #执行匹配
plt.imshow(res,cmap = 'gray')                             #以灰度图像格式显示匹配结果
plt.title('Matching Result')
plt.axis('off')
plt.show()                                                #显示图像
min_val,max_val,min_loc,max_loc=cv2.minMaxLoc(res)        #返回匹配位置
top_left = min_loc                                        #最小值为最佳匹配，获得其位置
bottom_right = (top_left[0] + w, top_left[1] + h)         #获得匹配范围的右下角位置
cv2.rectangle(img1,top_left, bottom_right,(255,0,0), 2)   #绘制匹配范围，蓝色边框
cv2.imshow('Detected Range',img1)
cv2.waitKey(0)
```

运行结果如图 7.1、图 7.2、图 7.3 与图 7.4 所示。

图 7.1　输入图像

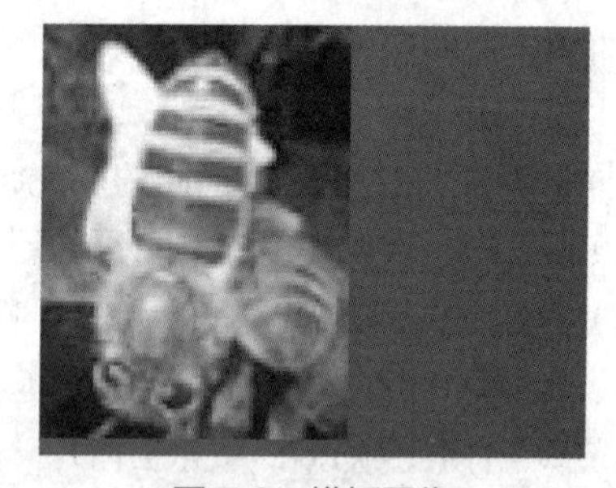
图 7.2　模板图像

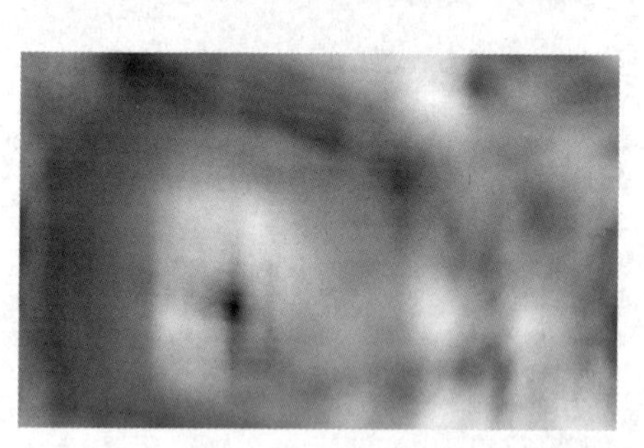
图 7.3　灰度匹配结果

图 7.4　目标匹配位置

本例通过单目标匹配函数在原图中查找并标记出蜜蜂的位置，采用了 cv2.TM_SQDIFF 方法进行匹配，返回结果采用灰度图像格式显示，最终在原图中标出目标的位置。

2. 多目标匹配

多目标匹配是查找出输入图像中可能存在的多个匹配结果。需要注意的是，在 cv2.matchTemplate() 函数执行过程中，要根据匹配方法设置阈值，匹配结果中低于或者高于阈值的即为匹配目标。具体如代码示例 7-2 所示。

代码示例 7-2：多目标匹配。

```
import cv2
import numpy as np
import matplotlib.pyplot as plt
img1=cv2.imread('bee2.jpg')                                  #打开输入图像，默认 BGR 格式
temp=cv2.imread('template.jpg')                              #打开模板图像
img1gray=cv2.cvtColor(img1,cv2.COLOR_BGR2GRAY,dstCn=1)      #转换为单通道灰度图像
tempgray=cv2.cvtColor(temp,cv2.COLOR_BGR2GRAY,dstCn=1)      #转换为单通道灰度图像
th,tw=tempgray.shape                                         #获得模板图像的高度和宽度
img1h,img1w=img1gray.shape
res = cv2.matchTemplate(img1gray,tempgray,cv2.TM_SQDIFF_NORMED)#执行匹配操作
mloc=[]                                                      #用于保存符合条件的匹配位置
threshold = 0.24                                             #设置匹配度阈值
for i in range(img1h-th):
    for j in range(img1w-tw):
        if res[i][j]<=threshold:                             #保存小于等于阈值的匹配位置
            mloc.append((j,i))
for pt in mloc:
    cv2.rectangle(img1,pt,(pt[0]+tw,pt[1]+th),(255,0,0),2)   #标出匹配位置，蓝色矩形
cv2.imshow('result',img1)                                    #显示结果
cv2.waitKey(0)
```

运行结果如图 7.5、图 7.6 和图 7.7 所示。

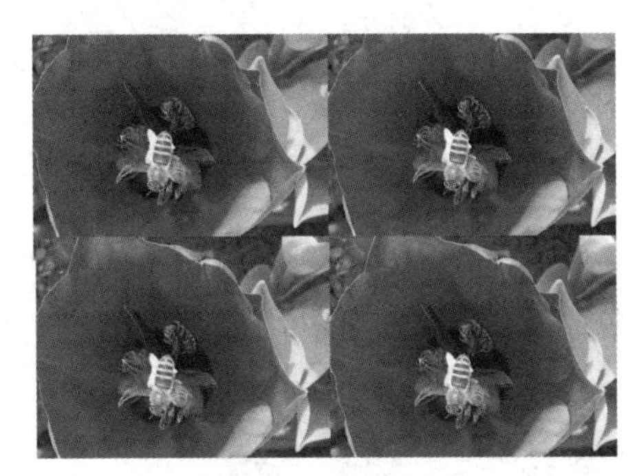

图 7.5　输入图像

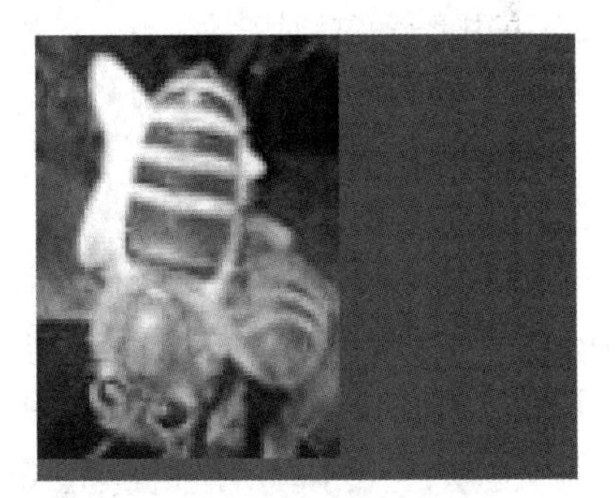

图 7.6　模板图像

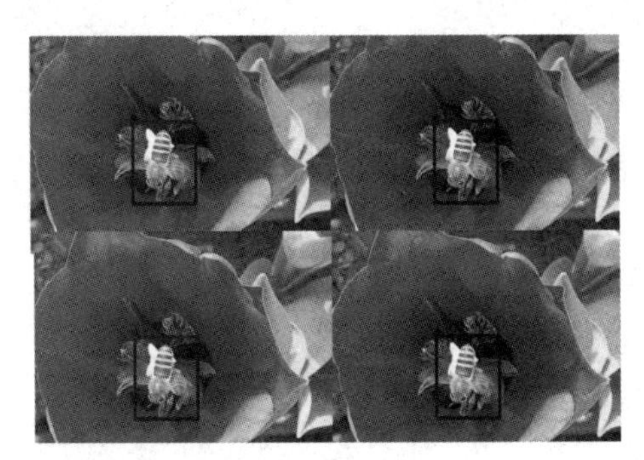

图 7.7　多目标匹配位置

本例采用了 cv2.TM_SQDIFF_NORMED 归一化方差匹配法，先找出小于等于匹配度阈值的匹配结果，然后在原图中用矩形框标记。当然，位置标记结果可以通过阈值（程序中的 threshold = 0.24）的设置进行调试。

7.2 图像分割

图像分割是将前景对象从图像整体中分离提取出来，是实现图像目标检测与特征提取的关键步骤之一。

7.2.1 使用分水岭算法的图像分割

分水岭算法，是一种基于拓扑理论的数学形态学的分割方法，其基本思想是把图像看作测地学上的拓扑地貌，图像中每一像素的灰度值表示该点的海拔高度，每一个局部极小值及其影响区域称为集水盆，而集水盆的边界则形成分水岭。分水岭的概念和形成可以通过模拟浸入过程来说明。在每一个局部极小值处刺穿一个小孔，然后把整个模型慢慢浸入水中，随着浸入的加深，每一个局部极小值的影响域慢慢向外扩展，两个集水盆汇合处形成大坝，即形成分水岭。整个分水筑坝过程可以作为图像分割的主要依据。

基于分水岭算法的图像分割方法有以下几个步骤：

（1）将原始图像转化为灰度图像；

（2）应用形态变换对图像进行降噪和边缘检测，确定图像背景；

（3）进行距离转换，然后进行阈值处理，确定图像前景；

（4）确定图像未知区域；

（5）标记背景图像；

（6）执行分水岭算法，完成图像分割。

距离转换函数 cv2.distanceTransform()用于计算非 0 值像素点到 0 值像素点的距离，其基本格式如下。

```
dst = cv2.distanceTransform(src,distanceType,maskSize[,dstType])
```

参数如下。

dst：距离转换返回结果。

src：原始图像，必须是 8 位单通道二值图像。

distanceType：距离类型。

maskSize：掩模大小，可设置为 0、3、5。

dstType：返回图像类型，默认为 32 位浮点类型图像。

代码示例 7-3：分水岭算法中的距离转换。

```
import cv2
import numpy as np
img=cv2.imread('coins.jpg')
```

```
cv2.imshow('original',img)                                    #显示原始图像
gray=cv2.cvtColor(img,cv2.COLOR_BGR2GRAY)                     #转换为灰度图像
ret,imgthresh=cv2.threshold(gray,0,255,
        cv2.THRESH_BINARY_INV+cv2.THRESH_OTSU)                #OTSU 阈值处理
kernel=np.ones((3,3),np.uint8)                                #定义形态变换卷积核
imgopen=cv2.morphologyEx(imgthresh,cv2.MORPH_OPEN,
                        kernel,iterations=2)                  #形态变换：开运算
imgdist=cv2.distanceTransform(imgopen,cv2.DIST_L2,5)#距离转换
cv2.imshow('result',imgdist)                                  #显示距离转换结果
cv2.waitKey(0)
```

运行结果如图 7.8 所示。

 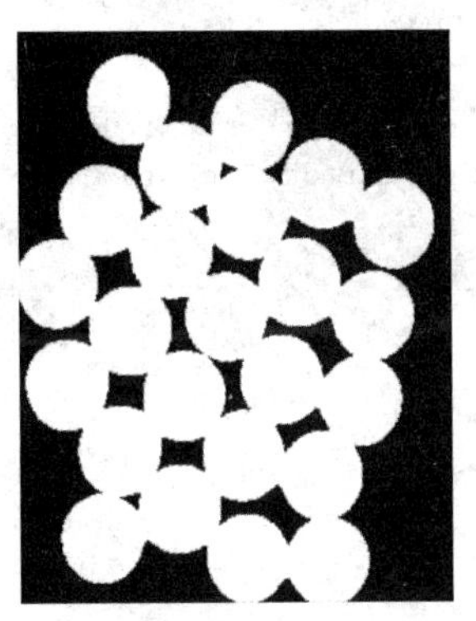

图 7.8　代码示例 7-3 运行结果

距离转换函数 cv2.connectedComponents()用于将图像中的背景标记为 0，将其他图像标记为从 1 开始的整数，其基本格式如下。

```
num_labels, labels = cv2.connectedComponents(image, connectivity, ltype)
```

参数如下。

image：输入图像。

connectivity：连通性参数，可以是 4 或 8。

ltype：输出标签图像的类型。

分割算法函数 cv2.watershed()用于执行分水岭算法，其基本格式如下。

```
ret = cv2.watershed(image,markers)
```

参数如下。

ret：返回的 8 位或 32 位单通道图像。

image：输入的 8 位 3 通道图像。

markers：输入的 32 位单通道图像。

代码示例 7-4：分水岭算法实现图像分割。

```
import cv2
import numpy as np
```

```
import matplotlib.pyplot as plt
img=cv2.imread('qizi.jpg')
gray=cv2.cvtColor(img,cv2.COLOR_BGR2GRAY)                #转换为灰度图像
ret,imgthresh=cv2.threshold(gray,0,255,
         cv2.THRESH_BINARY_INV+cv2.THRESH_OTSU)          #OTSU 阈值处理
kernel=np.ones((3,3),np.uint8)                           #定义形态变换卷积核
imgopen=cv2.morphologyEx(imgthresh,cv2.MORPH_OPEN,
         kernel,iterations=2)                            #形态变换：开运算
imgbg=cv2.dilate(imgopen,kernel,iterations=3)            #膨胀操作，确定背景
imgdist=cv2.distanceTransform(imgopen,cv2.DIST_L2,0)#距离转换
ret,imgfg=cv2.threshold(imgdist,
                 0.7*imgdist.max(),255,2)                #对距离转换结果进行阈值处理
imgfg=np.uint8(imgfg)                                    #转换为整数，获得前景
ret,markers=cv2.connectedComponents(imgfg)               #标记阈值处理结果
unknown=cv2.subtract(imgbg,imgfg)                        #确定位置未知区域
markers=markers+1                                        #加 1，使背景不为 0
markers[unknown==255]=0                                  #将未知区域设置为 0
imgwater=cv2.watershed(img,markers)                      #执行分水岭算法分割图像
plt.imshow(imgwater)                                     #以灰度图像格式显示匹配结果
plt.title('watershed')
plt.axis('off')
plt.show()
img[imgwater==-1]=[0,255,0]                              #将原始图像中被标记点设置为绿色
cv2.imshow('watershed',img)                              #显示分割结果
cv2.waitKey(0)
```

运行结果如图 7.9 和图 7.10 所示。

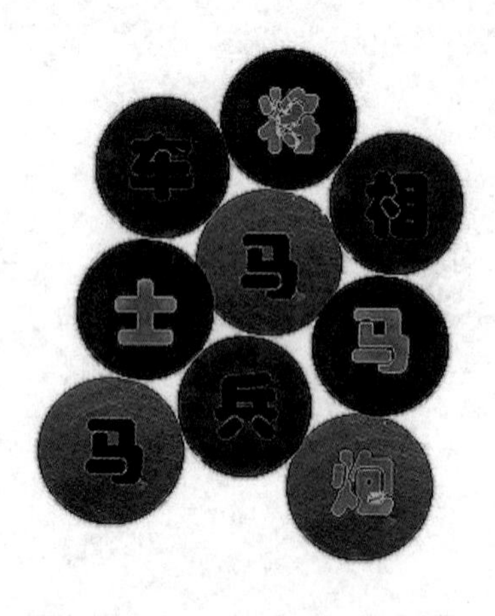

图 7.9　代码示例 7-4 运行结果 1

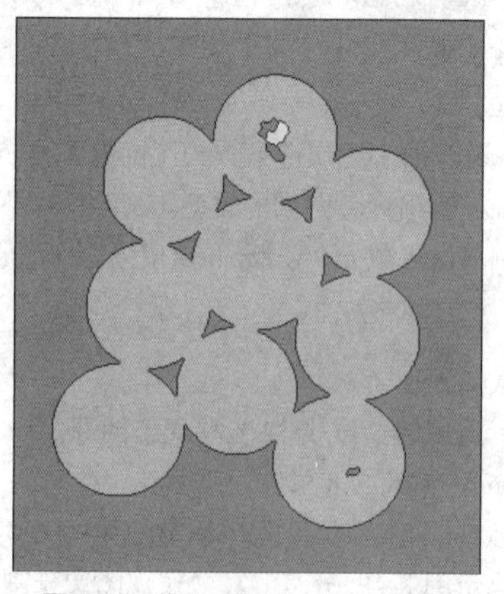

图 7.10　代码示例 7-4 运行结果 2

7.2.2　图像金字塔

图像金字塔从分辨率的角度分析、处理图像。图像金字塔的底部为原始图像，对原始图像进行梯次向下采样，得到金字塔的其他各层图像，层次越高，分辨率越低，图像越小。通常，每向上一层，图像的宽度和高度就变为下一层的一半。常见的图像金字塔可分为高斯金字塔和拉普拉斯金字塔。本节主要介绍高斯金字塔的两种采样方式和拉普拉斯金字塔。

高斯金字塔有向下和向上两种采样方式。向下采样时，原始图像为第 0 层，第 1 次向下采样的结果为第 1 层，第 2 次向下采样的结果为第 2 层，依此类推。每次采样图像的宽度和高度都减小为原来的一半，所有的图层构成高斯金字塔。向上采样的过程和向下采样相反，每次采样图像的宽度和高度都扩大为原来的二倍。

1. 高斯金字塔向下采样

高斯金字塔向下采样函数 cv2.pyrDown()用于执行高斯金字塔构造的向下采样步骤，其基本格式如下。

```
ret = cv2.pyrDown(image[,dstsize[,borderType]])
```

参数如下。

ret：距离转换返回结果。

image：输入图像。

dstsize：结果图像大小。

borderType：边界值类型。

代码示例 7-5：高斯金字塔向下采样。

```
import cv2
img0=cv2.imread('qizi.jpg')
img1=cv2.pyrDown(img0)                          #第 1 次采样
img2=cv2.pyrDown(img1)                          #第 2 次采样
cv2.imshow('img0',img0)                         #显示第 0 层
cv2.imshow('img1',img1)                         #显示第 1 层
cv2.imshow('img2',img2)                         #显示第 2 层
print('0 层形状：',img0.shape)                   #输出图像形状
print('1 层形状：',img1.shape)                   #输出图像形状
print('2 层形状：',img2.shape)                   #输出图像形状
cv2.waitKey(0)
```

输出结果：

```
0 层形状： (360, 320, 3)
1 层形状： (180, 160, 3)
2 层形状： (90, 80, 3)
```

运行结果如图 7.11、图 7.12、图 7.13 所示。

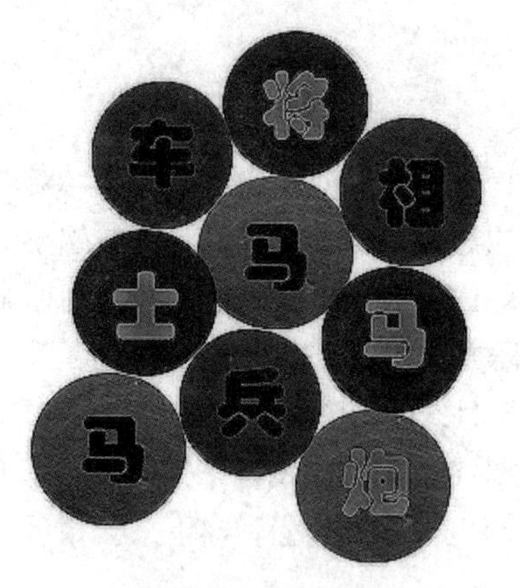

图 7.11 高斯金字塔向下采样原始图像

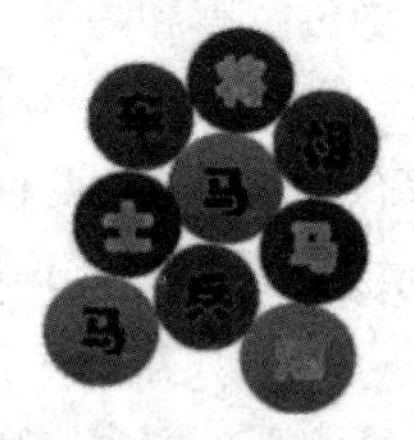

图 7.12 高斯金字塔向下采样——第 1 次采样

图 7.13 高斯金字塔向下采样——第 2 次采样

2. 高斯金字塔向上采样

高斯金字塔向上采样函数 cv2.pyrUp()用于执行高斯金字塔构造的向上采样步骤，其基本格式如下。

```
ret = cv2.pyrUp(image[,dstsize[,borderType]])
```

参数如下。

ret：距离转换返回结果。

image：输入图像。

dstsize：结果图像大小。

borderType：边界值类型。

代码示例 7-6：高斯金字塔向上采样。

```
import cv2
img0=cv2.imread('qizi.jpg')
img1=cv2.pyrUp(img0)                    #第 1 次采样
img2=cv2.pyrUp(img1)                    #第 2 次采样
cv2.imshow('img0',img0)                 #显示第 0 层
cv2.imshow('img1',img1)                 #显示第 1 层
cv2.imshow('img2',img2)                 #显示第 2 层
print('0 层形状：',img0.shape)           #输出图像形状
print('1 层形状：',img1.shape)           #输出图像形状
print('2 层形状：',img2.shape)           #输出图像形状
cv2.waitKey(0)
```

输出结果：

```
0 层形状： (80, 80, 3)
1 层形状： (160, 160, 3)
2 层形状： (320, 320, 3)
```

运行结果如图 7.14、图 7.15、图 7.16 所示。

图 7.14　高斯金字塔向上采样原图

图 7.15　高斯金字塔向上采样——第 1 次采样

图 7.16　高斯金字塔向上采样——第 2 次采样

3. 拉普拉斯金字塔

拉普拉斯金字塔本身既包含向上采样也包含向下采样，但它的核心目的是通过这些过程来捕捉图像在不同尺度下的细节信息。

代码示例 7-7：拉普拉斯金字塔。

```
import cv2
img0=cv2.imread('qizi.jpg')
img1=cv2.pyrDown(img0)              #第 1 次采样
img2=cv2.pyrDown(img1)              #第 2 次采样
img3=cv2.pyrDown(img2)              #第 3 次采样
imgL0= cv2.subtract(img0,cv2.pyrUp(img1))        #拉普拉斯金字塔第 0 层
imgL1= cv2.subtract(img1,cv2.pyrUp(img2) )       #拉普拉斯金字塔第 1 层
imgL2= cv2.subtract(img2,cv2.pyrUp(img3) )       #拉普拉斯金字塔第 2 层
```

```
cv2.imshow('imgL0',img0)            #显示第 0 层
cv2.imshow('imgL1',img1)            #显示第 1 层
cv2.imshow('imgL2',img2)            #显示第 2 层
cv2.waitKey(0)
```

运行结果如图 7.17、图 7.18 和图 7.19 所示。

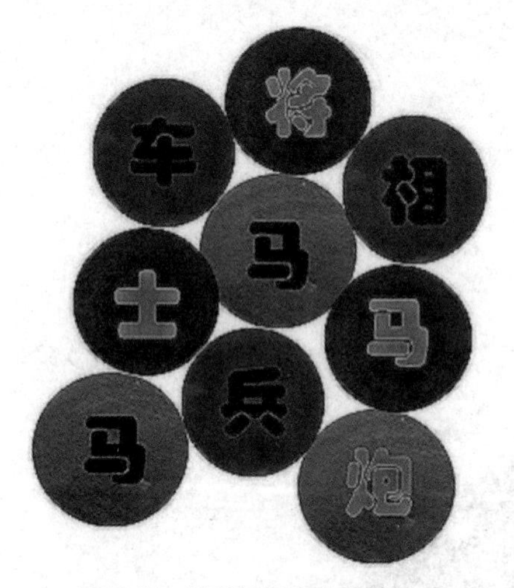

图 7.17　拉普拉斯金字塔第 0 层

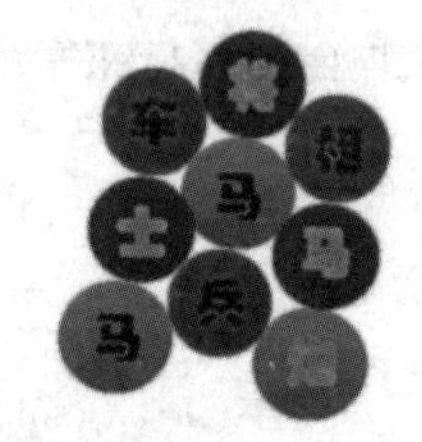

图 7.18　拉普拉斯金字塔第 1 层

图 7.19　拉普拉斯金字塔第 2 层

4. 利用图像金字塔实现图像分割与融合

代码示例 7-8：图像金字塔将两幅图像左右分割并拼接重构。

```
import cv2
img1 = cv2.imread('jiang1.jpg')
img2 = cv2.imread('jiang2.jpg')
#生成图像 1 的高斯金字塔，向下采样 6 次
img = img1.copy()
img1Gaus = [img]
for i in range(6):
    img = cv2.pyrDown(img)
    img1Gaus.append(img)
#生成图像 2 的高斯金字塔，向下采样 6 次
img = img2.copy()
img2Gaus = [img]
for i in range(6):
    img = cv2.pyrDown(img)
    img2Gaus.append(img)
```

```
#生成图像 1 的拉普拉斯金字塔，6 层
img1Laps = [img1Gaus[5]]
for i in range(5,0,-1):
    img = cv2.pyrUp(img1Gaus[i])
    lap = cv2.subtract(img1Gaus[i-1],img)   #两幅图像大小不同时，做减法会出错
    img1Laps.append(lap)
#生成图像 2 的拉普拉斯金字塔，6 层
img2Laps = [img2Gaus[5]]
for i in range(5,0,-1):
    img = cv2.pyrUp(img2Gaus[i])
    lap = cv2.subtract(img2Gaus[i-1],img)
    img2Laps.append(lap)
#拉普拉斯金字塔拼接：图像 1 每层左半部分与图像 2 每层右半部分拼接
imgLaps = []
for la,lb in zip(img1Laps,img2Laps):
    rows,cols,dpt = la.shape
    ls=la.copy()
    ls[:,int(cols/2):]=lb[:,int(cols/2):]
    imgLaps.append(ls)
#从拉普拉斯金字塔恢复图像
img = imgLaps[0]
for i in range(1,6):
    img = cv2.pyrUp(img)
    img = cv2.add(img, imgLaps[i])
#图像 1 原始图像的左半部分与图像 2 原始图像的右半部分直接拼接
direct = img1.copy()
direct[:,int(cols/2):]=img2[:,int(cols/2):]
cv2.imshow('Direct',direct)                    #显示直接拼接结果
cv2.imshow('Pyramid',img)                      #显示图像金字塔拼接结果
cv2.waitKey(0)
```

运行结果如图 7.20、图 7.21 和图 7.22 所示。

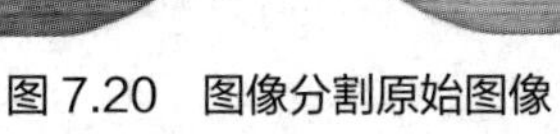

图 7.20　图像分割原始图像

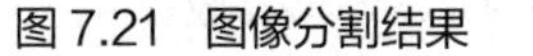

图 7.21　图像分割结果

图 7.22　图像融合结果

7.2.3　交互式前景提取

交互式前景提取，首先用一个矩形指定要提取的前景所在范围，然后执行前景提取算法，如果前景提取结果不理想，则需要进行人工干预，用户需要复制原始图像作为掩模，在其中用白色标记要提取的前景区域，用黑色标记背景区域，再使用掩模图像执行前景提取算法，获取

结果。

前景提取算法主要采用 cv2.grabCut()函数，其基本格式如下。

```
mask2,bgdModel,fgdModel = cv2.grabCut(img,mask1,rect,
                                  bgdModel,fgdModel,iterCount[,mode])
```

参数如下。

mask1：输入掩模图像，用于指定图像的哪些区域可能是背景或前景。

mask2：输出掩模图像，0 表示确定的背景，1 表示确定的前景，2 表示可能的背景，3 表示可能的前景。

img：输入图像。

rect：矩形坐标，一般格式为“左上角横坐标 x,左上角纵坐标 y,宽度,高度”。

iterCount：迭代次数。

mode：前景提取模式。

前景提取模式通常有以下几种。

（1）cv2.GC_INIT_WITH_RECT：使用矩形模板。

（2）cv2.GC_INIT_WITH_MASK：使用自定义模板。

（3）cv2.GC_EVAL：使用修复模式。

（4）cv2.GC_EVAL_FREEZE_MODEL：使用固定模式。

代码示例 7-9：交互式前景提取实现图像分割 1。

```
import cv2
import numpy as np
img = cv2.imread('hehua.jpg')
mask = np.zeros(img.shape[:2],np.uint8)#定义原始掩模
bg = np.zeros((1,65),np.float64)
fg = np.zeros((1,65),np.float64)
rect = (50,50,400,300)                #根据原始图像设置包含前景的矩形大小
cv2.grabCut(img,mask,rect,bg,fg,5,cv2.GC_INIT_WITH_RECT)#第 1 次提取前景，矩形模板
imgmask = cv2.imread('hehua2.jpg')  #读取已标注的掩模图像
cv2.imshow('mask image',imgmask)
mask2 = cv2.cvtColor(imgmask,cv2.COLOR_BGR2GRAY,dstCn=1)#转换为单通道灰度图像
mask[mask2==0]=0#根据掩模图像，将掩模图像中黑色像素对应的原始掩模像素设置为 0
mask[mask2==255]=1#根据掩模图像，将掩模图像中白色像素对应的原始掩模像素设置为 1
cv2.grabCut(img,mask,None,bg,fg,5,cv2.GC_INIT_WITH_MASK)#第 2 次提取前景，自定义模板
#将返回的掩模中像数值为 0 或 2 的像素设置为 0（确认为背景），
#所有像素值为 1 或 3 的像素设置为 1（确认为前景）
mask2 = np.where((mask==2)|(mask==0),0,1).astype('uint8')
img = img*mask2[:,:,np.newaxis]#将掩模图像与原始图像相乘获得分割出来的前景图像
cv2.imshow('grabCut',img)#显示获得的前景
cv2.waitKey(0)
```

运行结果如图 7.23 所示。

图 7.23　代码示例 7-9 运行结果

代码示例 7-10：交互式前景提取实现图像分割 2。

```
import cv2
import numpy as np
img = cv2.imread('cup.jpg')
mask = np.zeros(img.shape[:2],np.uint8)#定义原始掩模
bg = np.zeros((1,65),np.float64)
fg = np.zeros((1,65),np.float64)
rect = (50,50,200,300)              #根据原始图像设置包含前景的矩形大小
cv2.grabCut(img,mask,rect,bg,fg,5,cv2.GC_INIT_WITH_RECT)#第 1 次提取前景，矩形模板
imgmask = cv2.imread('cup2.jpg')   #读取已标注的掩模图像
cv2.imshow('mask image',imgmask)
mask2 = cv2.cvtColor(imgmask,cv2.COLOR_BGR2GRAY,dstCn=1)#转换为单通道灰度图像
mask[mask2==0]=0#根据掩模图像，将掩模图像中黑色像素对应的原始掩模像素设置为 0
mask[mask2==255]=1#根据掩模图像，将掩模图像中白色像素对应的原始掩模像素设置为 1
cv2.grabCut(img,mask,None,bg,fg,5,cv2.GC_INIT_WITH_MASK)#第 2 次提取前景，自定义模板
#将返回的掩模中像数值为 0 或 2 的像素设置为 0（确认为背景），
#所有像素值为 1 或 3 的像素设置为 1（确认为前景）
mask2 = np.where((mask==2)|(mask==0),0,1).astype('uint8')
img = img*mask2[:,:,np.newaxis]#将掩模图像与原始图像相乘获得分割出来的前景图像
cv2.imshow('grabCut',img)#显示获得的前景
cv2.waitKey(0)
```

运行结果如图 7.24 所示。

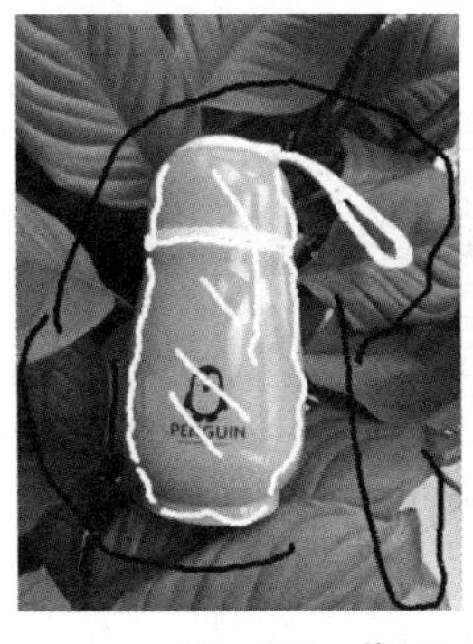

图 7.24　代码示例 7-10 运行结果

7.3 本章小结

本章主要介绍了使用 OpenCV 对图像进行模板匹配和图像分割。其中模板匹配部分介绍了利用 OpenCV 提供的 cv2.matchTemplate()函数，图像分割部分介绍了分水岭算法、图像金字塔、交互式前景提取。图像特征检测将在第 8 章讲解。

7.4 习题

1. 通过本章学习，你认为图像分割可能会有哪些实际应用？
2. 常见的图像金字塔有哪些？
3. 尝试在 OpenCV 中使用 cv2.matchTemplate()函数执行图像模板匹配。
4. 尝试在 OpenCV 中利用函数 cv2.pyrDown()实现图像分割。

第 8 章 使用 OpenCV 进行特征检测

本章将介绍使用 OpenCV 对图像进行特征检测。OpenCV 针对图像特征检测提供了不同的特征检测函数，用于检测并提取图像的特征，并对其进行描述，便于图像特征的匹配和搜索。本章着重介绍几类典型的特征检测方法，如角检测、特征点检测、特征匹配与对象查找。

本章学习目标：

（1）能够使用 OpenCV 对图像进行特征检测；

（2）了解几类典型的特征检测方法。

8.1 角检测

角是图像中各个方向上像素值变化最大的区域，又称角点或者拐角，可检测出较为明显的特征变化。OpenCV 针对角检测专门提供了 cv2.cornerHarris()、cv2.cornerSubPix()和 cv2.cornergood FeaturesToTrack()函数。

1. 哈里斯角检测

哈里斯角检测是克里斯·哈里斯（Chris Harris）和迈克·斯蒂芬斯（Mike Stevens）提出的一种角检测方法，由 cv2.cornerHarris()函数执行，其基本格式如下。

```
dst = cv2.cornerHarris(src,blockSize,ksize,k)
```

参数如下。

dst：返回结果，它是一个 numpy.ndarray 对象，大小和 src 相同，每一个数组元素对应一个像素点。

src：灰度图像，数据类型通常是 float32。

blockSize：邻域大小。

ksize：哈里斯角检测器使用的 Sobel 算子的中孔参数。

k：哈里斯角检测器的自由参数。ksize 和 k 影响检测的敏感度，值越小，检测出的角越多，但准确率会降低。

代码示例 8-1：哈里斯角检测。

```
import cv2
import numpy as np
img=cv2.imread('cube.jpg')                          #打开输入图像
gray = cv2.cvtColor(img,cv2.COLOR_BGR2GRAY)         #转换为灰度图像
gray = np.float32(gray)                             #转换为浮点类型
dst = cv2.cornerHarris(gray,10,5,0.001)             #执行角检测
img[dst>0.02*dst.max()]=[0,0,255]                   #将角设置为红色
cv2.imshow('dst',img)                               #显示检测结果
cv2.waitKey(0)
```

运行结果如图 8.1 所示。

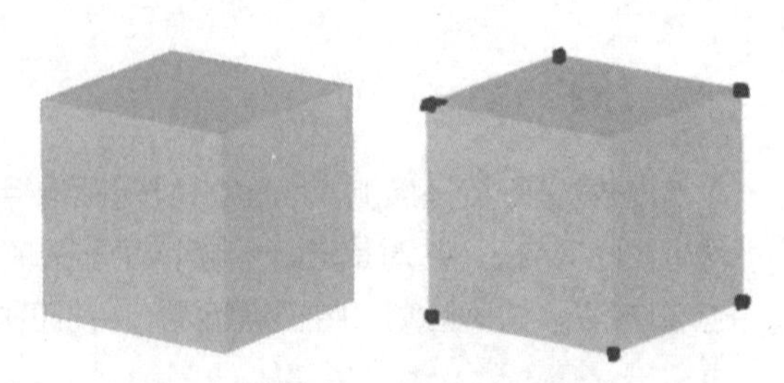

图 8.1　原始图像与哈里斯角检测结果

哈里斯角检测结果包含一定数量的像素，但有时我们在做角检测时，可能需要对哈里斯角

进行精确位置处理，那么这时可以调用 cv2.cornerSubPix()函数进行哈里斯角的优化检测，其基本格式如下。

```
cv2.cornerSubPix(image, corners, winSize, zeroZone, criteria)
```

参数如下。

image：输入图像，应是灰度图像且为浮点类型（float32）。

corners：一个包含初始角点坐标的数组。

winSize：搜索窗口的一半大小。

zeroZone：死区，即在中心附近排除的搜索区域大小。如果设置为-1，则没有死区。

criteria：算法迭代的终止条件。

代码示例 8-2：优化哈里斯角检测。

```
import cv2
import numpy as np
import matplotlib.pyplot as plt
img = cv2.imread('cube.jpg')                                 #打开图像，默认 BGR 格式
gray = cv2.cvtColor(img,cv2.COLOR_BGR2GRAY)                  #转换为灰度图像
gray = np.float32(gray)                                      #转换为浮点类型
dst = cv2.cornerHarris(gray,8,7,0.04)                        #查找哈里斯角
r, dst = cv2.threshold(dst,0.01*dst.max(),255,0)             #二值化阈值处理
dst = np.uint8(dst)                                          #转换为整型
r,l,s,cxys = cv2.connectedComponentsWithStats(dst)           #查找质点坐标
cif = (cv2.TERM_CRITERIA_EPS +
              cv2.TERM_CRITERIA_MAX_ITER, 100, 0.001)#定义优化查找条件
corners = cv2.cornerSubPix(gray,
             np.float32(cxys),(5,5),(-1,-1),cif)             #执行优化查找
res = np.hstack((cxys,corners))                              #堆叠构造新数组，便于标注角
res = np.int0(res)                                           #转换为整型
img[res[:,1],res[:,0]]=[0,0,255]                             #将哈里斯角对应像素设置为红色
img[res[:,3],res[:,2]] = [0,255,0]                           #将优化结果像素设置为绿色
img = cv2.cvtColor(img,cv2.COLOR_BGR2RGB)                    #转换为 RGB 格式
plt.imshow(img)
plt.axis('off')
plt.show()                                                   #显示检测结果
```

运行结果如图 8.2 所示。

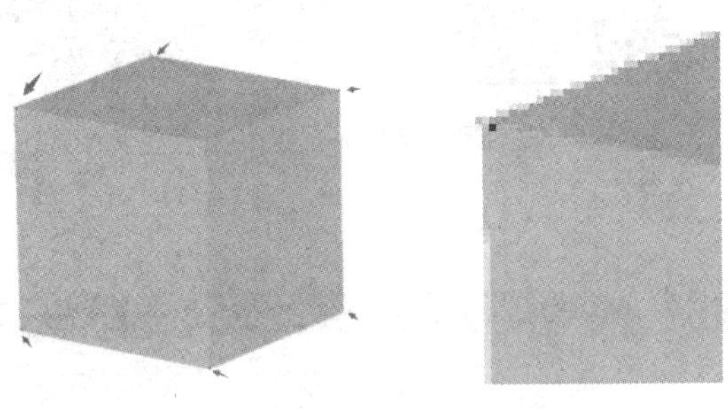

图 8.2　优化哈里斯角检测结果与优化哈里斯角检测像素放大结果

2. Shi-Tomasi 角检测

Shi-Tomasi 角检测由 cv2.cornergoodFeaturesToTrack()函数执行，其基本格式如下。

```
dst = cv2.cornergoodFeaturesToTrack(src,maxCorners,
                                     qualityLevel,minDistance)
```

参数如下。

dst：返回结果。

src：灰度图像，数据类型通常是 float32。

maxCorners：返回角的最大数量。

qualityLevel：可接受的角的最低质量。

minDistance：返回角之间的最小欧氏距离。

代码示例 8-3：Shi-Tomasi 角检测。

```
import cv2
import numpy as np
import matplotlib.pyplot as plt
img = cv2.imread('five.jpg')                              #打开图像，默认 BGR 格式
gray = cv2.cvtColor(img,cv2.COLOR_BGR2GRAY)               #转换为灰度图像
gray = np.float32(gray)                                   #转换为浮点类型
corners = cv2.cornergoodFeaturesToTrack(gray,6,0.1,100)   #检测角，最多 6 个
corners = np.int0(corners)                                #转换为整型
for i in corners:
    x,y = i.ravel()
    cv2.circle(img,(x,y),4,(0,0,255),-1)                  #用圆点标注找到的角，红色
img = cv2.cvtColor(img,cv2.COLOR_BGR2RGB)                 #转换为 RGB 格式
plt.imshow(img)
plt.axis('off')
plt.show()                                                #显示检测结果
```

运行结果如图 8.3 所示。

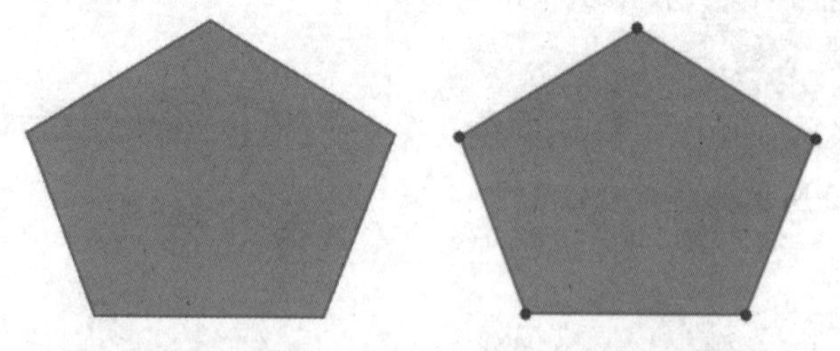

图 8.3　原始图像与 Shi-Tomasi 角检测结果

8.2　特征点检测

特征点又称关键点，是图像中具有唯一性的像素。OpenCV 同样为特征点检测提供了不同的

函数，包括 FAST 特征检测器函数 cv2.FastFeatureDetector_create()、ORB 特征检测函数 cv2.ORB_create()和 SIFT 特征检测函数 cv2.SIFT_create()。本节主要介绍前两种检测方法。

1. FAST 特征检测器

FAST 特征检测器根据像素周围 16 像素的强度和阈值等参数来判断像素点是否为关键点，主要调用 cv2.FastFeatureDetector_create()函数。该函数首先创建一个 FAST 对象，再调用 FAST 对象的 detect()方法实现关键点检测。该方法将返回一个关键点列表，每个关键点对象均包含关键点的角度、坐标、响应强度和邻域大小等信息。

代码示例 8-4：FAST 特征检测器。

```
import cv2
img = cv2.imread('cube.jpg')                                 #打开图像，默认 BGR 格式
fast = cv2.FastFeatureDetector_create()                      #创建 FAST 特征检测器
kp = fast.detect(img,None)                                   #检测关键点，不使用掩模
img2 = cv2.drawKeypoints(img, kp, None, color=(0,0,255))#绘制关键点
cv2.imshow('FAST points',img2)                               #显示绘制了关键点的图像
fast.setThreshold(20)                                        #设置阈值，默认阈值为 10
kp = fast.detect(img,None)                                   #检测关键点，不使用掩模
n=0
for p in kp:
    print("第%s 个关键点，坐标: "%(n+1),p.pt,'响应强度: ',p.response,
           '邻域大小: ',p.size,'角度: ',p.angle)
    n+=1
img3 = cv2.drawKeypoints(img, kp, None, color=(0,0,255))
cv2.imshow('Threshold20',img3)                               #显示绘制了关键点的图像
cv2.waitKey(0)
```

程序设置阈值为 20，输出结果如下。

```
第 1 个关键点，坐标: (146.0, 37.0) 响应强度: 46.0 邻域大小: 7.0 角度: -1.0
第 2 个关键点，坐标: (267.0, 60.0) 响应强度: 95.0 邻域大小: 7.0 角度: -1.0
第 3 个关键点，坐标: (58.0, 69.0) 响应强度: 99.0 邻域大小: 7.0 角度: -1.0
第 4 个关键点，坐标: (60.0, 69.0) 响应强度: 34.0 邻域大小: 7.0 角度: -1.0
第 5 个关键点，坐标: (57.0, 71.0) 响应强度: 88.0 邻域大小: 7.0 角度: -1.0
第 6 个关键点，坐标: (60.0, 210.0) 响应强度: 78.0 邻域大小: 7.0 角度: -1.0
第 7 个关键点，坐标: (180.0, 235.0) 响应强度: 34.0 邻域大小: 7.0 角度: -1.0
第 8 个关键点，坐标: (182.0, 236.0) 响应强度: 37.0 邻域大小: 7.0 角度: -1.0
```

运行结果如图 8.4 所示。

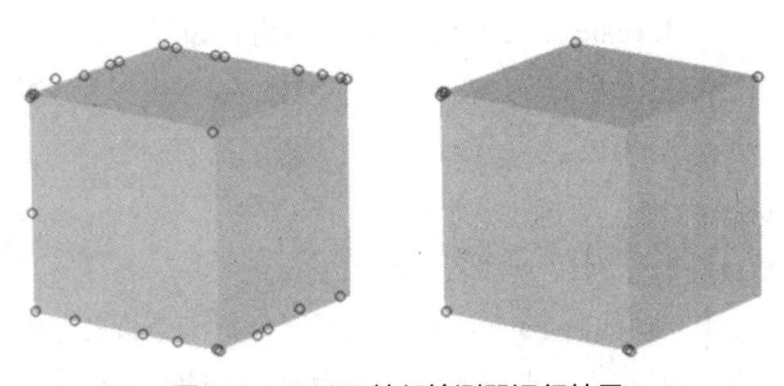

图 8.4　FAST 特征检测器运行结果

2. ORB 特征检测

ORB 特征检测以 FAST 特征检测器和 BRIEF 特征描述符为基础进行了改进，以获得更好的特征检测性能。OpenCV 提供的 cv2.ORB_create()函数用于创建 ORB 对象，然后调用 ORB 对象的 detect()方法执行 ORB 算法检测关键点。

代码示例 8-5：ORB 特征检测。

```
import cv2
img = cv2.imread('cube.jpg')                                   #打开图像，默认 BGR 格式
orb = cv2.ORB_create()                                         #创建 ORB 特征检测对象
kp = orb.detect(img,None)                                      #检测关键点
img2 = cv2.drawKeypoints(img, kp, None, color=(0,0,255))#绘制关键点
cv2.imshow('ORB',img2)                                         #显示绘制了关键点的图像
cv2.waitKey(0)
```

运行结果如图 8.5 所示。

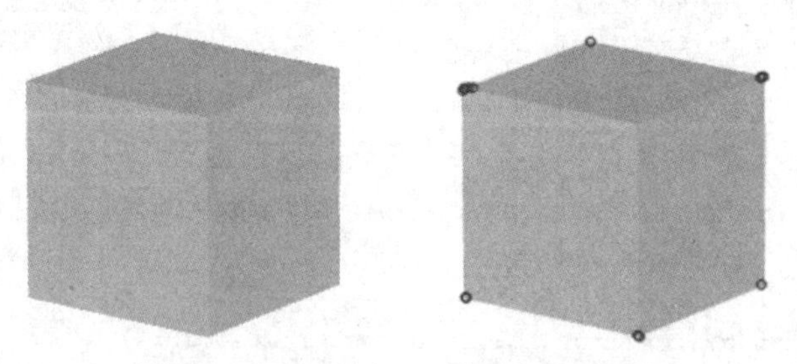

图 8.5　原始图像与 ORB 特征检测结果

8.3　特征匹配与对象查找

在图像特征点抓取的基础上，可利用特征匹配器计算特征描述符。通常在计算图 A 是否包含图 B 的特征区域时，可以将图 A 作为训练图像，图 B 则是查询图像，可以利用不同类型的匹配器进行特征匹配和对象查找。本节介绍一种常用的特征匹配器——暴力匹配器和对象查找函数 cv2.findHomography()和 cv2.perspectiveTransform()。

1. 暴力匹配器

暴力匹配器函数为 cv2.BFMatcher_create()，其基本格式如下。

```
bf = cv2.BFMatcher_create([normType[,crossCheck]])
```

参数如下。

bf：返回的暴力匹配器对象。

normType：距离测量类型，默认为 cv2.NORM_L2。

crossCheck：交叉验证，默认为 False。暴力匹配器为每个查询描述符找到 k 个距离最近的匹配结果，crossCheck 为 True 时，只返回满足交叉验证条件的匹配结果。

暴力匹配器对象的 match()方法返回每个特征点的最佳匹配结果，其基本格式如下。

```
mf = bf.match(des1,des2)
```

参数如下。

mf：返回的匹配结果，是一个 DMatch 对象列表。

des1：查询描述符。

des2：训练描述符。

获取匹配结果后，可调用 cv2.drawMatches()或 cv2.drawMatchesKnn()函数绘制匹配结果图像，其基本格式如下。

```
outImg = cv2.drawMatches(img1,keypoints1,img2,keypoints2,matches1to2,
        outImg[,matchColor[,singlePointColor[,matchesMask[,flags]]]])
outImg = cv2.drawMatchesKnn(img1,keypoints1,img2,keypoints2,
matches1to2,outImg[,matchColor[,singlePointColor[,matchesMask[,flags]]]])
```

参数如下。

outImg：返回的绘制结果图像，图像中查询图像与训练图像中匹配的关键点和匹配点之间的连线为彩色。

img1：查询图像。

img2：训练图像。

keypoints1：img1 的关键点。

keypoints2：img2 的关键点。

matches1to2：img1 与 img2 的匹配结果。

matchColor：关键点和连接线的颜色，默认使用随机颜色。

singlePointColor：单个关键点的颜色，默认使用随机颜色。

matchesMask：掩模，用于决定绘制哪些匹配结果，默认为空，表示绘制所有匹配结果。

flags：标志，可设置为不同参数值，如 cv2.DrawMatchesFlags_DEFAULT、cv2.DrawMatchesFlags_DRAW_OVER_OUTIMG、cv2.DrawMatchesFlags_DRAW_SINGLE_POINTS、cv2.DrawMatchesFlags_DRAW_RICH_KEYPOINTS。

代码示例 8-6：暴力匹配。

```
import cv2
import matplotlib.pyplot as plt
img1 = cv2.imread('xhu1.jpg',cv2.IMREAD_GRAYSCALE)            #打开灰度图像
img2 = cv2.imread('xhu2.jpg',cv2.IMREAD_GRAYSCALE)            #打开灰度图像
orb = cv2.ORB_create()                                        #创建 ORB 特征检测对象
kp1, des1 = orb.detectAndCompute(img1,None)                   #检测关键点和计算描述符
kp2, des2 = orb.detectAndCompute(img2,None)                   #检测关键点和计算描述符
bf = cv2.BFMatcher_create(cv2.NORM_HAMMING,crossCheck=False)#创建匹配器
ms = bf.knnMatch(des1,des2,k=2)                               #执行特征匹配
#应用比例测试选择要使用的匹配结果
good = []
for m,n in ms:
```

```
    if m.distance < 0.75*n.distance: #因为 k=2，所以这里比较两个匹配结果的距离
        good.append(m)
img3 = cv2.drawMatches(img1,kp1,img2,kp2,good[:20],None,#绘制前 20 个匹配结果
                flags=cv2.DrawMatchesFlags_NOT_DRAW_SINGLE_POINTS)
plt.imshow(img3)
plt.axis('off')
plt.show()
```

运行结果如图 8.6 所示。

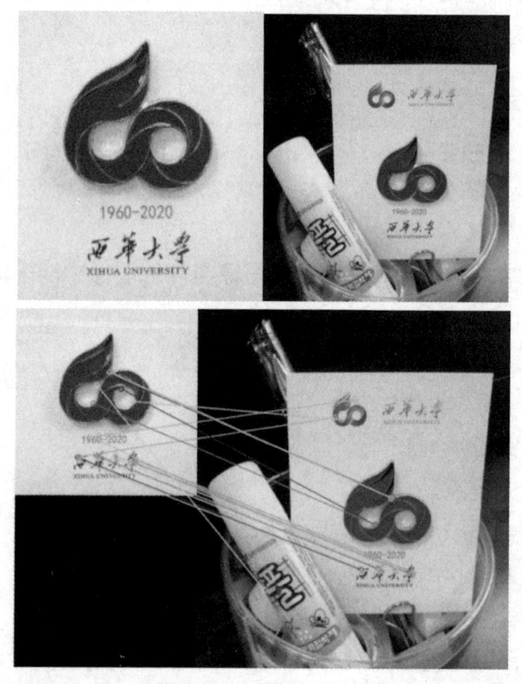

图 8.6　暴力匹配器训练图像、查询图像、输出结果

2. 对象查找

经过特征匹配后，调用 cv2.findHomography()和 cv2.perspectiveTransform()函数，可实现查询图像和训练图像的透视转换，以及查询图像在训练图像中的位置查询功能。cv2.findHomography()函数基本格式如下。

```
retv,mask = cv2.findHomography(srcPoints,dstPoints[,method[,
                                        ransacReprojThreshold]])
```

参数如下。

retv：返回的转换矩阵。

mask：返回查询图像在训练图像中的最佳匹配结果掩模。

srcPoints：查询图像匹配结果的坐标。

dstPoints：训练图像匹配结果的坐标。

method：计算透视转换矩阵的方法。

ransacReprojThreshold：可允许的最大重投影误差。

cv2.perspectiveTransform()函数基本格式如下。

```
dst = cv2.perspectiveTransform(src,m)
```

参数如下。

dst：返回结果数组。

src：输入 3 通道或 2 通道浮点类型数组。

m：3×3 或者 4×4 的浮点类型转换矩阵。

代码示例 8-7：对象查找。

```
import cv2
import numpy as np
import matplotlib.pyplot as plt
img1 = cv2.imread('printer1.jpg',cv2.IMREAD_GRAYSCALE)        #打开灰度图像
img2 = cv2.imread('printer2.jpg',cv2.IMREAD_GRAYSCALE)        #打开灰度图像
orb = cv2.ORB_create()                                        #创建 ORB 特征检测对象
kp1, des1 = orb.detectAndCompute(img1,None)                   #检测关键点和计算描述符
kp2, des2 = orb.detectAndCompute(img2,None)                   #检测关键点和计算描述符
bf = cv2.BFMatcher_create(cv2.NORM_HAMMING,crossCheck=True)#创建匹配器
ms = bf.match(des1,des2)                                      #执行特征匹配
ms = sorted(ms, key = lambda x:x.distance)                    #按距离排序
matchesMask = None
if len(ms)>10:  #在有足够数量的匹配结果时，才计算查询图像在目标图像中的位置
    #计算查询图像匹配结果的坐标
    querypts = np.float32([ kp1[m.queryIdx].pt for m in ms ]).reshape(-1,1,2)
    #计算训练图像匹配结果的坐标
    trainpts = np.float32([ kp2[m.trainIdx].pt for m in ms ]).reshape(-1,1,2)
    #查找查询图像和训练图像的透视转换
    retv, mask = cv2.findHomography(querypts,trainpts, cv2.RANSAC)
    #计算最佳匹配结果的掩模，用于绘制匹配结果
    matchesMask = mask.ravel().tolist()
    h,w = img1.shape
    pts = np.float32([[0,0],[0,h-1],[w-1,h-1],[w-1,0]]).reshape(-1,1,2)
    #执行向量的透视矩阵转换，获得查询图像在训练图像中的位置
    dst = cv2.perspectiveTransform(pts,retv)
    #用白色矩形框在训练图像中绘制查询图像的范围
    img2 = cv2.polylines(img2,[np.int32(dst)],True,(255,255,255),5)
img3 = cv2.drawMatches(img1,kp1,img2,kp2,ms,None,
                       matchColor = (0,255,0),        #用绿色绘制匹配结果
                       singlePointColor = None,
                       matchesMask = matchesMask,     #绘制掩模内的匹配结果
                       flags = cv2.DrawMatchesFlags_NOT_DRAW_SINGLE_POINTS)
plt.imshow(img3)
plt.axis('off')
plt.show()
```

运行结果如图 8.7 所示。

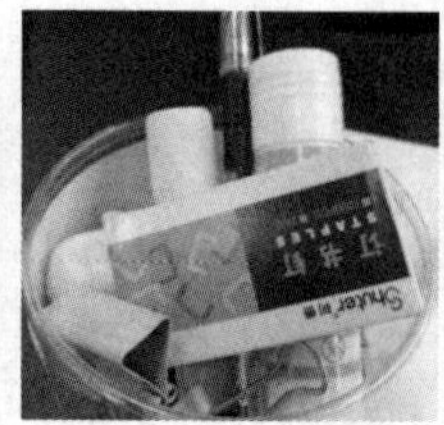

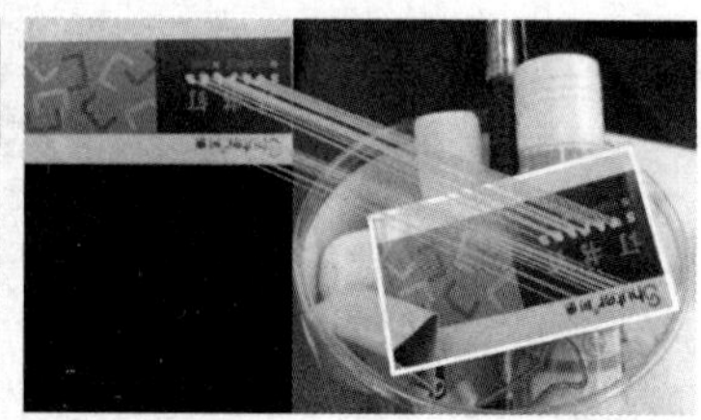

图 8.7　对象查找训练图像、查询图像、输出结果

8.4　本章小结

本章主要介绍了使用 OpenCV 对图像进行特征检测。本章着重介绍几类典型的特征检测方法：角检测、特征点检测、特征匹配与对象查找。

8.5　习题

1. 通过本章学习，你认为特征检测可能会有哪些实际应用？
2. 尝试在 OpenCV 中使用角检测方法进行图像特征检测。
3. 尝试在 OpenCV 中使用 FAST 特征检测器函数 cv2.FastFeatureDetector_create()、ORB 特征检测函数 cv2.ORB_create()和 SIFT 特征检测函数 cv2.SIFT_create()。
4. 尝试在 OpenCV 中利用暴力匹配器实现对象查找。

第 9 章 使用 OpenCV 进行人脸检测与识别

在前面章节的学习中，我们已经了解了图像分割、特征检测、特征识别等功能的处理方法及实现。本章将以人脸为目标，使用 OpenCV 进行人脸检测与识别。其中人脸检测是在待检测图像中完成人脸的定位，而人脸识别则是在人脸检测的基础上对目标人脸的具体身份进行判断。

本章学习目标：

（1）掌握人脸检测与识别方法；

（2）能够使用 Haar 级联分类器和深度学习进行人脸检测与识别。

9.1 人脸识别技术的发展历程

人脸识别技术的历史可以追溯到 20 世纪 60 年代，早期的研究主要是利用数学算法来分析和比较特定的面部特征。在随后的几十年里，计算机视觉和人工智能的进步大大提高了人脸识别的准确性和效率。现代人脸识别技术中主要有两种方法：基于特征的方法和整体性方法。基于特征的方法分析单个面部特征，如眼睛、鼻子、嘴巴和下颌线，并将其与现有记录进行比较。整体性方法将整个面部作为一个整体进行分析，考虑各种面部特征之间的关系和比例。

最常用的基于特征的方法是 EigenFace（特征脸）方法，它使用主成分分析（Principal Component Analysis，PCA）来降低面部的维度并提取其基本特征。另一种基于特征的方法是 FisherFace（费舍脸）方法，它使用线性判别分析（Linear Discriminant Analysis，LDA）来分离不同人脸的特征并提高识别的准确性。

另外，整体性方法通常使用深度神经网络（Deep Neural Networks，DNN）来分析整个面部。最流行的整体性方法之一是深度人脸识别，它使用深度卷积神经网络（Deep Convolutional Neural Network，DCNN）从人脸中提取特征，并与现有记录进行比较。

尽管在准确性和效率方面取得了进展，但人脸识别技术仍然是一个有争议的技术，人们对隐私泄露、技术滥用以及基于种族和性别的带有偏见的识别结果表示担忧。这些担忧导致人们呼吁加强对人脸识别系统的监管和监督。

总之，人脸识别技术的发展历程是以算法和计算能力的进步为节点的。然而，随着人脸识别应用的不断增加，围绕其适当使用和潜在影响的讨论也会不断增加。

9.2 人脸检测与识别方法介绍

目前人脸识别技术已经发展得相对完善，下面介绍一些著名的人脸识别方法。

（1）EigenFace 方法

在 20 世纪 80 年代末开发的 EigenFace 方法使用 PCA 来降低脸部的维度，并提取其基本特征。这个过程包括将脸部投射到一组特征向量上，这些特征向量代表了脸部最重要的特征。

（2）FisherFace 方法

作为对 EigenFace 方法的改进，FisherFace 方法使用 LDA 来分离不同人脸的特征并提高识别的准确性。这个过程包括将人脸投射到一组 FisherFace 向量上，FisherFace 向量是为分离性而优化的特征向量的线性组合。

（3）深度人脸识别

这种整体性的方法使用 DCNN 来提取人脸的特征，并与现有记录进行比较。这个过程包括在一个大型的人脸数据集上训练一个深度神经网络，使其能够学习单个人脸的独有特征和表现。

（4）FaceNet 框架

FaceNet 框架使用一个具有三重损失的 DNN 来学习脸部的紧凑表示。这个过程包括训练网络以最小化相同身份的面孔之间的距离，同时最大化不同身份的面孔之间的距离。

（5）VGGFace2

VGGFace2 在一个大型的人脸数据集上进行训练，使用深度学习技术来识别和确认图像和视频中的个人。这个过程包括在大型的人脸数据集上训练一个深度神经网络，使其能够学习单个人脸的独有特征和表现。

（6）OpenFace

OpenFace 使用深度学习和计算机视觉技术来分析人脸并提取特征。这个过程包括使用深度神经网络从人脸上提取特征，并与现有记录进行比较。

（7）局部二进制模式

局部二进制模式（Local Binary Patterns，LBP）使用二进制模式来描述脸部的纹理和形状。这个过程涉及将脸部划分为小区域，并将每像素的强度与它的“邻居”进行比较，形成一个代表脸部的二进制模式。

（8）尺度不变特征转换

尺度不变特征转换（Scale Invariant Feature Transform，SIFT）使用特征提取和匹配来识别和比较物体。这个过程涉及检测脸部的关键点，并提取描述符来表示脸部，然后与现有记录进行比较。

（9）加速稳健特征：加速稳健特征（Speeded Up Robust Features，SURF）使用尺度和旋转不变的特征来检测和描述人脸。这个过程涉及检测脸部的关键点，并提取描述符来表示脸部，然后与现有记录进行比较。

（10）多任务卷积神经网络

多任务卷积神经网络（Multi Task Convolutional Neural Network，MTCNN）使用级联网络来进行人脸检测和对齐，以及人脸识别的特征提取。这个过程涉及使用多个网络，每个网络都被设计为执行一个特定的任务，以检测人脸，对齐它们，并提取特征用于识别。

人脸识别是根据个人的面部特征来识别和验证的过程。Python 中有几个库和框架可以用来进行人脸识别，包括 OpenCV、dlib 和 face_recognition。

在 Python 中，最流行的人脸识别库之一是 OpenCV。OpenCV 为图像处理提供了广泛的功能，包括对人脸检测和识别的支持。它提供了许多预先训练好的人脸检测模型，还包括一些用于人脸识别的算法，如 PCA 和 LBP。

另一个在 Python 中流行的人脸识别库是 dlib。dlib 是一个用于现实世界机器学习的工具包，为人脸检测和识别提供支持。它包括一些用于人脸检测的预训练模型，还包括一些用于人脸识别的算法，如 HOG（Histogram of Oriented Gradient，定向梯度直方图）和 CNN。

face_recognition 库也被广泛使用，它是一个简单、准确、易于使用的人脸检测和识别库。这个库使用 dlib 最先进的深度学习构建人脸识别算法。它还包括对面部地标检测的支持，可用于面部对齐和头部姿势估计等任务。

开发人员通常从检测图像或视频中的人脸开始，然后对检测到的人脸进行人脸识别。具体来说，可以在有标签的人脸数据集上训练一个模型，然后用训练好的模型来识别新图像中的人脸。

人脸识别是一项计算机视觉任务，涉及识别和验证图像或视频中的个人。OpenCV 是一个免费和开源的计算机视觉库，提供了执行人脸识别的工具和技术。下面介绍使用 OpenCV 进行人脸识别的大体步骤。

（1）安装 OpenCV

第一步是在计算机上安装 OpenCV。可以使用 pip 或从官方网站下载并手动安装。

（2）加载数据集

OpenCV 安装完毕后，需要加载一个人脸数据集来训练和测试识别系统。这个数据集应该由个人的面部图像和区分每个人的相应标签组成。

（3）对数据集进行预处理

训练识别系统之前，需要对数据集中的图像进行预处理，包括将图像转换为灰度图像、将图像大小调整为普通尺寸、将像素值标准化。

（4）人脸检测

OpenCV 提供了 Haar 级联分类器来检测图像中的人脸。该分类器经过训练，可以根据人脸的特征，如眼睛、鼻子和嘴巴来识别人脸。detectMultiScale()函数可以用来检测图像中的人脸。

（5）人脸对齐

一旦检测到人脸，就需要进行对齐，使其具有一致的方向。OpenCV 提供了面部地标算法来对齐人脸。

（6）特征提取

对人脸进行预处理和对齐后，从图像中提取特征以代表每个人。OpenCV 提供了几种特征提取算法，如 LBP、SIFT 和 SURF。

（7）模型训练

一旦特征被提取出来，识别系统就可以使用机器学习算法进行训练。OpenCV 为此提供了几种算法，如 K 近邻（K-Nearest Neighbor，KNN）、支持向量机（Support Vector Machine，SVM）和深度学习算法。

（8）测试模型

在模型训练完成后，可以在一个单独的人脸数据集上测试，以评估其准确性。可对新面孔进行识别，并将结果与预期标签进行比较。

（9）部署

最后，经过训练的模型可以部署在现实世界的应用中，如安全系统、访问控制和生物识别认证。

总之，使用 OpenCV 进行人脸识别是一项复杂的任务，需要结合计算机视觉、图像处理和机器学习技术。然而，利用 OpenCV 提供的工具和功能，有可能建立一个强大而准确的识别系统。

9.3 人脸检测

本节将详细介绍使用 OpenCV 进行人脸检测，并提供详细的代码。

1. 基于 Haar 级联分类器的人脸检测

OpenCV 提供了 Haar 级联分类器用于人脸检测。OpenCV 源代码的“data\haarcascades”文件夹中置入了 Haar 级联分类器文件，简介如下。

Haarcascade_eye.xml：人眼检测。

Haarcascade_eye_tree_eyeglasses.xml：眼镜检测。

Haarcascade_frontalface_alt.xml/Haarcascade_frontalface_default.xml：人脸检测。

Haarcascade_profileface.xml：侧脸检测。

Haar 级联分类器加载可由函数 cv2.CascadeClassifier()实现，基本格式如下。

```
faceClassifier = cv2.CascadeClassifier(filename)
```

参数如下。

filename：分类器文件名。

faceClassifier：返回级联分类器对象，需要注意的是级联分类器对象的检测由 detectMultiScale()方法实现。

detectMultiScale()方法的基本格式如下。

```
objects = faceClassifier.detectMultiScale(image[,scaleFactor
                        [,minNeighbors[,flags[,minSize[,maxSize]]]]])
```

参数如下。

objects：返回目标（人脸）。

image：输入图像，通常为灰度图像。

scaleFactor：图像缩放比例。

minNeighbors：构成目标矩形的最少相邻矩形个数。

flags：在高版本 OpenCV 中会省略。

minSize：目标矩形最小尺寸。

maxSize：目标矩形最大尺寸。

代码示例 9-1：基于 Haar 级联分类器的人脸检测。

```
import cv2
img=cv2.imread('heads.jpg')                          #打开输入图像
gray = cv2.cvtColor(img,cv2.COLOR_BGR2GRAY)          #转换为灰度图像
#加载人脸检测器
face = cv2.CascadeClassifier('haarcascade_frontalface_default.xml')
#加载眼睛检测器
eye = cv2.CascadeClassifier('haarcascade_eye.xml')
faces = face.detectMultiScale(gray)                  #执行人脸检测
for x,y,w,h in faces:
    cv2.rectangle(img,(x,y),(x+w,y+h),(255,0,0),2)#绘制矩形标注人脸
    roi_eye = gray[y:y+h, x:x+w]                     #根据人脸获得眼睛的检测范围
    eyes = eye.detectMultiScale(roi_eye)             #在人脸范围内检测眼睛
    for (ex,ey,ew,eh) in eyes:                       #标注眼睛
        cv2.circle(img[y:y+h, x:x+w],(int(ex+ew/2),
                  int(ey+eh/2)),int(max(ew,eh)/2),(0,255,0),2)
```

```
cv2.imshow('faces',img)                                  #显示检测结果
cv2.waitKey(0)
```

2. 基于深度学习的人脸检测

OpenCV 的 DNN 模块提供了基于深度学习的人脸检测器。DNN 模块使用了 Caffe、TensorFlow、Torch 和 Darknet 等大家所熟悉的深度学习框架。OpenCV 提供了两个预训练的人脸检测模型：Caffe 模型和 TensorFlow 模型。

OpenCV 源代码的“sources\samples\dnn\face_detector”文件夹中有模型配置文件，但没有训练模型文件。可运行该文件夹中的 download_weights.py 下载 Caffe 模型所需要的两个训练模型文件。

代码示例 9-2：基于深度学习的人脸检测。

```
import cv2
import numpy as np
from matplotlib import pyplot as plt
#dnnnet = cv2.dnn.readNetFromCaffe("deploy.prototxt", #加载训练好的模型
#"res10_300x300_ssd_iter_140000_fp16.caffemodel")
dnnnet = cv2.dnn.readNetFromTensorflow("opencv_face_detector_uint8.pb", "opencv_face_
detector.pbtxt")
img = cv2.imread("head2.jpg")                            #读取图像
h, w = img.shape[:2]                                     #获得图像尺寸
blobs = cv2.dnn.blobFromImage(img, 1.0, (300, 300),      #创建图像的块数据
                    [104., 117., 123.], False, False)
dnnnet.setInput(blobs)                                   #将块数据设置为输入
detections = dnnnet.forward()                            #执行计算，获得检测结果
faces = 0
for i in range(0, detections.shape[2]):                  #迭代，输出可信度高的人脸检测结果
    confidence = detections[0, 0, i, 2]                  #获得可信度
    if confidence > 0.6:                                 #输出可信度高于 60%的结果
        faces += 1
        box = detections[0, 0, i, 3:7] * np.array([w, h, w, h]) #获得人脸在图像中的坐标
        x1,y1,x2,y2 = box.astype("int")
        y = y1 - 10 if y1 - 10 > 10 else y1 + 10              #计算可信度输出位置
        text = "%.3f"%(confidence * 100)+'%'
        cv2.rectangle(img, (x1, y1), (x2, y2), (255, 0, 0), 2) #标注人脸范围
        cv2.putText(img,text, (x1, y),                          #输出可信度
                    cv2.FONT_HERSHEY_SIMPLEX, 0.9, (0, 0, 255), 2)
cv2.imshow('faces',img)
cv2.waitKey(0)
```

需要说明的是，使用预训练的模型执行人脸检测时需要调用 cv2.dnn.readNetFromCaffe()或 cv2.dnn.readNetFromTensorflow()函数加载模型，创建检测器；调用 cv2.dnn.blobFromImage()函数将待检测图像转换为图像块数据；调用检测器的 setInput()方法将图像块数据设置为模型的输入数据；调用检测器的 forward()方法执行计算，获得预测结果；选取可信度高于指定值的检测结果，在原图像中标注人脸，同时输出可信度以供参考。

9.4 人脸识别

OpenCV 提供了 3 种人脸识别方法：EigenFace、FisherFace 和 LBPH（Local Binary Patterns Histograms，局部二进制编码直方图）。本节主要介绍 EigenFace 方法，其他两种读者可自行学习。

EigenFace 使用 PCA 方法将人脸数据从高维处理成低维后，获得人脸数据的主要成分信息，进而完成人脸识别，基本步骤如下。

（1）调用 cv2.face.EigenFaceRecognizer_create()方法创建 EigenFace 识别器。

（2）调用识别器的 train()方法，以便使用已知图像训练模型。

（3）调用识别器的 predic()方法，以便对未知图像进行识别。

cv2.face.EigenFaceRecognizer_create()函数调用格式如下。

```
recognizer = cv2.face.EigenFaceRecognizer_create([num_components
                                                   [,threshold]])
```

参数如下。

recognizer：返回的识别器对象。

num_components：分析时的分量个数。

threshold：人脸识别时采用的阈值。

EigenFace 识别器 train()方法的基本格式如下。

```
recognizer.train(src,labels)
```

参数如下。

src：用于训练的已知图像数组。注意，所有图像必须为灰度图像，且大小要相同。

labels：标签数组，与已知图像数组中的人脸一一对应，同一个人的人脸标签应设置为相同值。

EigenFace 识别器 predict()方法的基本格式如下。

```
label,confidence = recognizer.predict(testimg)
```

参数如下。

testimg：未知人脸图像，必须为灰度图像，且与训练图像大小相同。

label：返回的标签值。

confidence：返回的可信度，表示未知人脸和模型中已知人脸之间的距离，0 表示完全匹配，低于 5000 可认为是可靠的匹配结果。

代码示例 9-3：基于 EigenFace 方法的人脸识别。

```
import cv2
import numpy as np
#读入训练图像
img11=cv2.imread('pt211.jpg',0)                              #打开图像，灰度图像
```

```
img12=cv2.imread('pt212.jpg',0)
img21=cv2.imread('pt221.jpg',0)
img22=cv2.imread('pt222.jpg',0)
train_images=[img11,img12,img21,img22]                          #创建训练图像数组
labels=np.array([0,0,1,1])    #创建标签数组，0 和 1 表示训练图像数组中人脸的身份
recognizer=cv2.face.EigenFaceRecognizer_create()                #创建 EigenFace 识别器
recognizer.train(train_images,labels)                           #执行训练操作
testimg=cv2.imread('pt223.jpg',0)                               #打开测试图像
label,confidence=recognizer.predict(testimg)                    #识别人脸
print('匹配标签：',label)
print('可信程度：',confidence)
```

9.5 本章小结

本章主要介绍了使用 OpenCV 进行人脸检测与识别。最常用的基于特征的方法是 EigenFace 方法，它使用主成分分析（PCA）来降低面部的维度并提取其基本特征。另一种基于特征的方法是 FisherFace 方法，它使用线性判别分析（LDA）来分离不同人脸的特征并提高识别的准确性。整体性方法通常使用深度神经网络（DNN）来分析整个面部。最流行的整体性方法之一是深度人脸识别，它使用深度卷积神经网络（DCNN）从人脸中提取特征，并与现有记录进行比较。

9.6 习题

1. 通过本章学习，你认为人脸检测与识别可能会有哪些实际应用？
2. 尝试在 OpenCV 中使用基于 Haar 级联分类器的人脸检测。
3. 尝试在 OpenCV 中使用基于深度学习的人脸检测。
4. 尝试在 OpenCV 中使用基于 EigenFace 方法的人脸识别。

第 10 章

实例练习

本章为练习内容，提供了题目与参考代码。

本章学习目标：

熟练掌握 OpenCV 的使用方法。

10.1 实例一：绘制 4 条竖线

如图 10.1 所示，绘制 4 条竖线，颜色分别为黑、蓝、绿、红，自行选择合适的坐标。

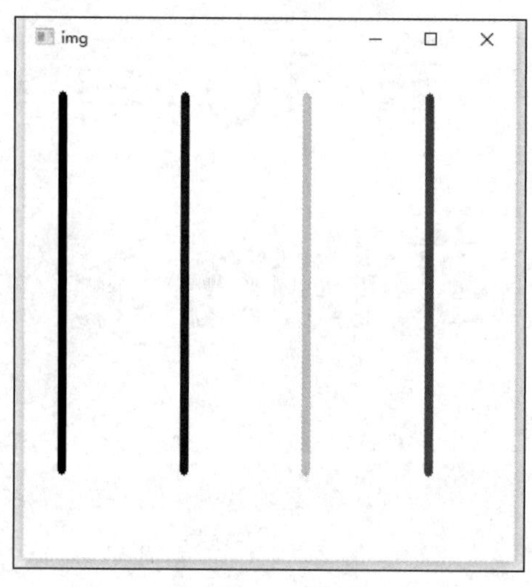

图 10.1 4 条竖线

参考代码：

```
import numpy as np
import cv2
# 创建一个白色的图像
img = np.ones((512,512,3), np.uint8)*255
# 画一条 5 像素宽的黑色对角线
cv2.line(img,(30,30),(30,330),(0,0,0),5)
cv2.line(img,(130,30),(130,330),(255,0,0),5)
cv2.line(img,(230,30),(230,330),(0,255,0),5)
cv2.line(img,(330,30),(330,330),(0,0,255),5)
cv2.imshow("img", img)
cv2.waitKey()               # 按任何键盘键后
cv2.destroyAllWindows()   # 释放所有窗体
```

10.2 实例二：绘制 4 个空心正方形

如图 10.2 所示，绘制 4 个空心正方形，颜色分别为黑、蓝、绿、红，自行选择合适的坐标。

参考代码：

```
import numpy as np
import cv2
```

```
img = np.ones((400,400,3), np.uint8)*255
cv2.rectangle(img,(50,50),(150,150),(0,0,0),3)
cv2.rectangle(img,(50,200),(150,300),(255,0,0),3)
cv2.rectangle(img,(200,50),(300,150),(0,255,0),3)
cv2.rectangle(img,(200,200),(300,300),(0,0,255),3)
cv2.imshow("img", img)
cv2.waitKey()              # 按任何键盘键后
cv2.destroyAllWindows()    # 释放所有窗体
```

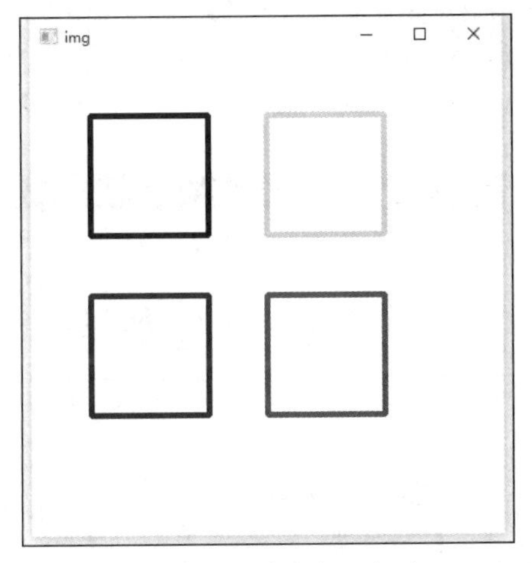

图 10.2　4 个空心正方形

10.3　实例三：绘制 4 个实心正方形

如图 10.3 所示，绘制 4 个实心正方形，颜色分别为黑、蓝、绿、红，自行选择合适的坐标。

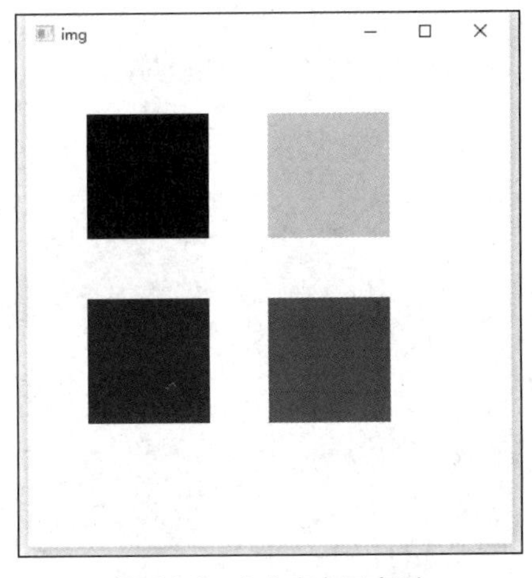

图 10.3　4 个实心正方形

参考代码：

```
import numpy as np
import cv2
img = np.ones((400,400,3), np.uint8)*255
cv2.rectangle(img,(50,50),(150,150),(0,0,0),-1)
cv2.rectangle(img,(50,200),(150,300),(255,0,0),-1)
cv2.rectangle(img,(200,50),(300,150),(0,255,0),-1)
cv2.rectangle(img,(200,200),(300,300),(0,0,255),-1)
cv2.imshow("img", img)
cv2.waitKey()                # 按任何键盘键后
cv2.destroyAllWindows()  # 释放所有窗体
```

10.4 实例四：绘制 3 个空心圆

如图 10.4 所示，绘制 3 个空心圆，颜色分别为蓝、绿、红。

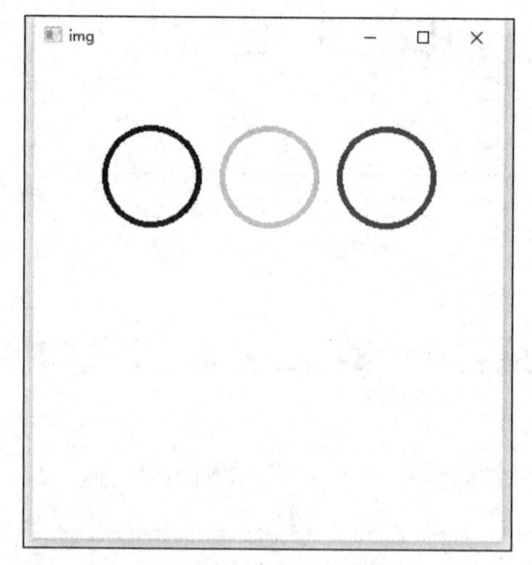

图 10.4　3 个空心圆

参考代码：

```
import numpy as np
import cv2

img = np.ones((400,400,3), np.uint8)*255
img = cv2.circle(img, (100, 100), 40, (255, 0, 0), 3)
img = cv2.circle(img, (200, 100), 40, (0, 255, 0), 3)
img = cv2.circle(img, (300, 100), 40, (0, 0, 255), 3)

cv2.imshow("img", img)
cv2.waitKey()                # 按任何键盘键后
cv2.destroyAllWindows()  # 释放所有窗体
```

10.5 实例五：绘制 3 个实心圆

如图 10.5 所示，绘制 3 个实心圆，颜色分别为蓝、绿、红。

图 10.5 3 个实心圆

参考代码：

```
import numpy as np
import cv2

img = np.ones((400,400,3), np.uint8)*255
img = cv2.circle(img, (100, 100), 40, (255, 0, 0), -1)
img = cv2.circle(img, (200, 100), 40, (0, 255, 0), -1)
img = cv2.circle(img, (300, 100), 40, (0, 0, 255), -1)

cv2.imshow("img", img)
cv2.waitKey()               # 按任何键盘键后
cv2.destroyAllWindows()   # 释放所有窗体
```

10.6 实例六：绘制彩色圆环

如图 10.6 所示，绘制彩色圆环，从内到外颜色为黑、蓝、绿、红。

参考代码：

```
import numpy as np
import cv2
img = np.ones((400,400,3), np.uint8)*255
center_X = int(img.shape[1] / 2)
```

```
    center_Y = int(img.shape[0] / 2)
    col_list=[(0,0,0),(255,0,0),(0,255,0),(0,0,255)]
    color_val=0
    print(col_list[1])
    for r in range(40, 200, 40):
        cv2.circle(img, (center_X, center_Y), r, col_list[color_val], 5)
        color_val=color_val+1
    cv2.imshow("img", img)
    cv2.waitKey()              # 按任何键盘键后
    cv2.destroyAllWindows()    # 释放所有窗体
```

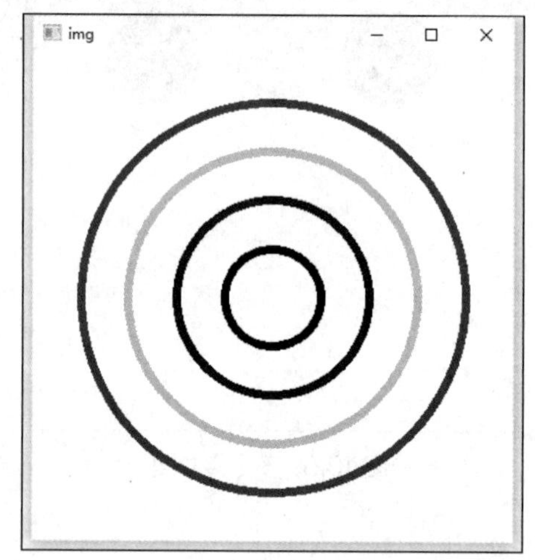

图 10.6　彩色圆环

10.7　实例七：绘制四边形和圆

如图 10.7 所示，绘制四边形和圆，自行选择合适的坐标。

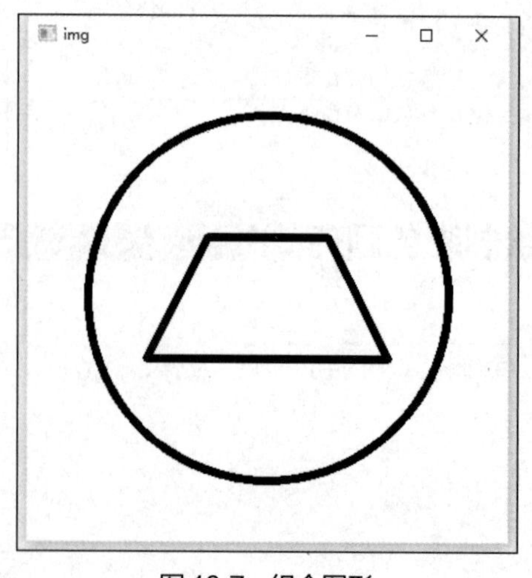

图 10.7　组合图形

参考代码：

```
import numpy as np # 导入 Python 中的 numpy 模块
import cv2

img = np.ones((400, 400, 3), np.uint8)*255
points=np.array([[150, 150], [100, 250], [300, 250],[250, 150] ], np.int32)

img = cv2.polylines(img, [points], True, (0, 0, 0), 5)
img = cv2.circle(img, (200, 200), 150, (0, 0, 0), 5)
# 在画布上按顺序连接四个点
cv2.imshow("img", img) # 显示画布
cv2.waitKey()
cv2.destroyAllWindows()
```

10.8 实例八：绘制线条粗细不同的四边形

如图 10.8 所示，绘制线条粗细不同的四边形，并在图像上输入文字。

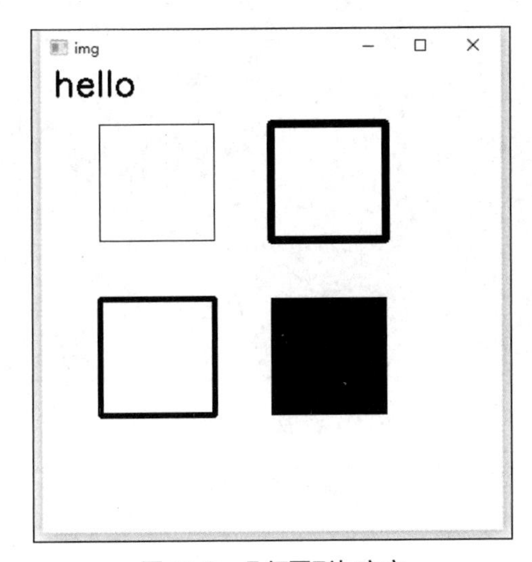

图 10.8 几何图形与文字

参考代码：

```
import numpy as np
import cv2

img = np.ones((400,400,3), np.uint8)*255
cv2.rectangle(img,(50,50),(150,150),(0,0,0), 1)
cv2.rectangle(img,(50,200),(150,300),(0,0,0),3)
cv2.rectangle(img,(200,50),(300,150),(0,0,0),5)
```

```
    cv2.rectangle(img,(200,200),(300,300),(0,0,0),-1)
    cv2.putText(img, text='hello', org=(10, 25), fontFace=cv2.FONT_HERSHEY_SIMPLEX,
fontScale=1,color=(0, 0, 0), thickness=2)
    cv2.imshow("img", img)
    cv2.waitKey()              # 按任何键盘键后
    cv2.destroyAllWindows()    # 释放所有窗体
```

10.9 实例九：在缩放后的图像上绘制 4 条竖线

如图 10.9 所示，在缩放后的图像上绘制 4 条竖线，颜色分别是黑、蓝、绿、红。

图 10.9 缩放图像后绘制竖线

参考代码：

```
import cv2
img = cv2.imread("tree.jpg")
img = cv2.resize(img, (500, 500))
cv2.line(img,(30,30),(30,330),(0,0,0),5)
cv2.line(img,(130,30),(130,330),(255,0,0),5)
cv2.line(img,(230,30),(230,330),(0,255,0),5)
cv2.line(img,(330,30),(330,330),(0,0,255),5)
cv2.imshow("img", img)
cv2.waitKey()              # 按任何键盘键后
cv2.destroyAllWindows()    # 释放所有窗体
```

10.10　实例十：在缩放后的图像上绘制 4 个矩形

如图 10.10 所示，在缩放后的图像上绘制 4 个矩形，颜色分别是黑、蓝、绿、红。

图 10.10　缩放图像后绘制矩形

参考代码：

```
import numpy as np
import cv2
img = cv2.imread("tree.jpg")
img = cv2.resize(img, (500, 500))
cv2.rectangle(img,(50,50),(150,150),(0,0,0),-1)
cv2.rectangle(img,(50,200),(150,300),(255,0,0),-1)
cv2.rectangle(img,(200,50),(300,150),(0,255,0),-1)
cv2.rectangle(img,(200,200),(300,300),(0,0,255),-1)

cv2.imshow("img", img)
cv2.waitKey()              # 按任何键盘键后
cv2.destroyAllWindows()    # 释放所有窗体
```

10.11　实例十一：在缩放后的图像上绘制矩形与文字

如图 10.11 所示，在缩放后的图像上绘制矩形与文字。

图 10.11　缩放图像后绘制矩形与文字

参考代码：

```
    import numpy as np
    import cv2

    img = cv2.imread("tree.jpg")
    img = cv2.resize(img, (500, 500))
    cv2.rectangle(img,(50,50),(150,150),(0,0,0), 1)
    cv2.rectangle(img,(50,200),(150,300),(0,0,0),3)
    cv2.rectangle(img,(200,50),(300,150),(0,0,0),5)
    cv2.rectangle(img,(200,200),(300,300),(0,0,0),-1)
    cv2.putText(img, text='hello', org=(10, 25), fontFace=cv2.FONT_HERSHEY_SIMPLEX,
fontScale=1,color=(0, 0, 0), thickness=2)
    cv2.imshow("img", img)
    cv2.waitKey()              # 按任何键盘键后
    cv2.destroyAllWindows()   # 释放所有窗体
```